Nachhaltige Entwicklung technischer Produkte und Systeme

Jürgen H. Franz

Nachhaltige Entwicklung technischer Produkte und Systeme

Der Ingenieurberuf im Wandel

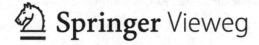

Jürgen H. Franz
APHIN e.V. Enkirch, Deutschland

ISBN 978-3-658-36098-6 ISBN 978-3-658-36099-3 (eBook)
https://doi.org/10.1007/978-3-658-36099-3

Die Deutsche Nationalbibliothek verzeichnet diese Publikation in der Deutschen Nationalbibliografie; detaillierte bibliografische Daten sind im Internet über ▶ http://dnb.d-nb.de abrufbar.

Planung/Lektorat: Daniel Fröhlich
Springer Vieweg ist ein Imprint der eingetragenen Gesellschaft Springer Fachmedien Wiesbaden GmbH und ist ein Teil von Springer Nature.
Die Anschrift der Gesellschaft ist: Abraham-Lincoln-Str. 46, 65189 Wiesbaden, Germany

Vorwort

Der Begriff der Nachhaltigkeit ist heute in aller Munde. Er begegnen uns sowohl im Alltag als auch im beruflichen Umfeld: in den Werbeprospekten großer Supermarktketten, auf Litfaßsäulen, in Tages- und Wochenzeitungen, in den Online-Medien und auf wissenschaftlichen Tagungen und Kongressen. Gerne und häufig wird er auch in den Wahlprogrammen großer Parteien verwendet. Denn Nachhaltigkeit war noch nie so weit und tief in der Politik und der Gesellschaft verankert wie heute. Und das ist kein Zufall. Denn Nachhaltigkeit ist eine Grundbedingung dafür, dass der Möglichkeitsspielraum der heute lebenden und der kommenden Generationen nicht begrenzt wird. Mit dieser Begründung forderte der erste Senat des Bundesverfassungsgerichtes in seinem Urteil vom 24. März 2021 den Gesetzgeber auf, das bestehende Klimaschutzgesetz dahin gehend zu ändern, dass es nicht nur kurzfristige Maßnahmen bis 2030 vorsieht, sondern auch Maßnahmen und Ziele weit über 2030 hinaus (BverfG 2021). Dabei argumentiert das Gericht vor allem mit der grundrechtlich gesicherten Freiheit. Dieses Recht auf Freiheit darf künftigen Generationen nicht durch ein unzulässiges Klimaschutzgesetz genommen werden. Es besteht also Handlungsbedarf. Es besteht die Notwendigkeit zum nachhaltigen Handeln. »Was wir bisher getan haben, ist schlichtweg nicht genug. Wir müssen die 20er Jahre zum Jahrzehnt der Nachhaltigkeit machen«, sagte Bundeskanzlerin Angela Merkel am 8. Juni 2021 in ihrer Rede auf der 20. Jahreskonferenz des Rats für Nachhaltige Entwicklung (RNE2021), ein Aufruf, der seitens der Bundesregierung durchaus auch viele Jahre früher hätte erfolgen und befolgt werden können.

Nachhaltiges Handeln gewährleistet, dass alle Menschen ein menschenwürdiges Leben in einer sozial, ökologisch und ökonomisch intakten Umwelt führen können, heute und in Zukunft. Es ist in allen Bereichen und fachübergreifend gefordert. Auch der Bereich der Technik und damit der Ingenieurwissenschaften steht hier in einer besonderen Verantwortung. Diese haben zwar ebenso wie die Ökonomie viele der derzeitigen Klima- und Umweltprobleme mit verursacht, haben aber zugleich das Potential maßgeblich zur Lösung dieser Probleme beizutragen, angefangen von nachhaltigen Produkten des Alltags bis hin zu Windkraft- und Photovoltaikanlagen, Wasserstoffspeichern und grüner Informationstechnik (green IT).

Ingenieure und Ingenieurinnen werden künftig ihre Produkte nicht mehr nur in puncto Funktion optimieren, sondern vor allem auch bezüglich Nachhaltigkeit. Und dies bedeutet, sie müssen funktionale, humane, soziale, ökologische und ökonomische Aspekte gleichzeitig und gleichrangig beachten. Und zwar nicht nur in der Phase der Nutzung des Produktes, sondern in allen seinen Lebensphasen, angefangen von der Ressourcengewinnung und der Produktion über die Nutzung bis hin zur Entsorgung. Zudem werden sie verbesserte Möglichkeiten des Recyclings und der Rückführung der Materialien der entsorgten Produkte in den Kreislauf seiner Lebensphasen schaffen müssen, die heute unter den Stichworten der Kreislaufwirtschaft und des Cradle-to-Cradle bereits bekannt sind. Der Ingenieurberuf steht damit vor neuen Herausforderungen. Er wird damit noch spannender und erstrebenswerter, als er ohnehin bereits ist.

Das vorliegende Buch möchte zum Nachdenken, Weiterdenken und Umdenken anregen und dazu motivieren, an der nachhaltigen Gestaltung unserer Gegenwart und Zukunft mit Freude und eigenen Ideen mitzuwirken. Die einzelnen Kapitel sind derart verfasst, dass sie nicht notwendig fortlaufend, sondern weitestgehend eigenständig gelesen und verstanden werden können. Aus diesem Grund wurde, bezogen auf das gesamte Buch, die eine oder andere Wiederholung bewusst beibehalten.

Das Buch gründet zum einen auf meiner Lehrveranstaltung *Nachhaltige technische Systeme,* die ich über viele Jahre an der Hochschule Düsseldorf angeboten habe und von den Studierenden mit großem Interesse angenommen wurde. Den Studierenden war offensichtlich bewusst, dass dieses Arbeitsfeld in ihrem Berufsleben einmal eine wichtige Rolle spielen wird. Zum anderen gründet das vorliegende Buch auf meinem Sachbuch *Nachhaltigkeit, Menschlichkeit, Scheinheiligkeit,* das 2014 beim Verlag oekom publiziert wurde. Diesem Buch, das einen breiten, allgemeinen und philosophischen Blick auf das Thema Nachhaltigkeit richtet, wurden diejenigen besonderen Inhalte entnommen, überarbeitet und aktualisiert, die für den Bereich der Technik- und Ingenieurwissenschaften und damit für das vorliegende Buch von spezieller Bedeutung sind. Ich danke dem Verlag oekom für die Erlaubnis, diese Passagen für das vorliegende Buch verwenden zu dürfen.

Mein Dank gilt schließlich dem Springer-Verlag, der dieses Buchprojekt ermöglichte und unterstützte. Meinen Studierenden danke ich für die vielen gemeinsamen, nachhaltigen Projekte und die diese stets begleitenden, kontroversen und zugleich konstruktiven Diskussionen.

Jürgen H. Franz
Herbst 2021

Inhaltsverzeichnis

Einleitung

1

Schöpferische Phantasie, Ideenreichtum und Erfindungsgabe sind Markenzeichen von Ingenieurinnen und Ingenieuren (jhf).

Wer sich für den Beruf des Ingenieurs oder der Ingenieurin entscheidet, hat zumeist bereits eine Vorstellung von dem, was diesen Beruf auszeichnet. Ingenieurinnen und Ingenieure haben Ideen, die sie in Konzepte und Pläne überführen und die sie schließlich nach einer sorgfältigen Prüfung und Entwicklung in Form technischer Produkte und Systeme verwirklichen. Ingenieure und Ingenieurinnen verfügen über eine schöpferische Phantasie, einen Reichtum an Einfällen und über das notwendige technische Fachwissen, um zu beurteilen, welche ihrer vielen Ideen realisiert werden können und welche nicht. Ihre schöpferische Phantasie, ihre Erfindungsgabe, ihr Ideenreichtum und ihr Fachwissen sind ihr Markenzeichen. Das weltweit anerkannte Qualitätszeichen *Made in Germany* gründet entscheidend auf der erfolgreichen Arbeit von Ingenieurinnen und Ingenieuren. Der Beruf des Ingenieurs und der Ingenieurin ist und bleibt erstrebenswert.

Die in den Ingenieurwissenschaften entwickelten Produkte und Systeme haben das Leben des Menschen in nahezu allen Bereichen verändert, im Alltag und im Beruf, im privaten und öffentlichen Leben. Und in kaum einer anderen Fachwissenschaft schreitet die Entwicklung so rasch voran wie in den Technik- und Ingenieurwissenschaften. Und dies sogar mit wachsender Geschwindigkeit. Vor hundertdreißig Jahren gab es noch kein Motorflugzeug, vor hundert Jahren noch kein Fernsehgerät, vor siebzig Jahren noch keinen Transistor und keinen Computer, vor vierzig Jahren noch kein Internet und vor dreißig Jahren noch kein Smartphone. Die sozialen Medien, das Internet der Dinge, die mobilen Betriebssysteme, der E-Book-Reader und vieles weitere mehr sind Erfindungen des 21. Jahrhunderts.

Bei allen diesen Erfindungen, die zweifelsfrei das Leben des Menschen bereichern, darf man nicht verkennen, dass Technik stets ambivalent ist. Denn jede Technik hat neben den erwünschten Folgen auch unerwünschte Nebenfolgen, die in vielen Fällen gravierend sind. So sind die Klimaveränderung und die Umweltbelastung zum großen Teil durch die Technik und den Umgang mit der Technik verursacht. Technik ist auch für einen hohen Verbrauch an Ressourcen und Rohstoffen verantwortlich, vor allem auch an nicht erneuerbaren. Hier ist ein Umdenken in den Technik- und Ingenieurwissenschaften erforderlich. Ein neuer Weg ist einzuschlagen und dieser Weg trägt den Namen *Nachhaltigkeit.* Es ist ein Weg, der an die Ingenieurwissenschaften neue Herausforderungen stellt und der sowohl die Ausbildung in den ingenieurwissenschaftlichen Studiengängen als auch das Berufsleben von Ingenieuren und Ingenieurinnen verändern wird. War in der Vergangenheit das primäre Ziel, Produkte und Systeme zu realisieren, die zuverlässig funktionieren, so kommt in Zukunft das gleichrangige Ziel hinzu, technische Produkte und Systeme nachhaltig zu gestalten. Hierzu gehört, ihren Ressourcen- und Energiebedarf zu reduzieren. Aber das reicht nicht hin. Bei der Entwicklung nachhaltiger technischer Produkte und Systeme sind neben ökologischer Aspekte auch soziale zu beachten. Während früher technische Produkte und Systeme vor allem in puncto Funktion optimiert wurden, so sind diese in Zukunft auch bezüglich der unterschiedlichen Anforderungen und Ziele der Nachhaltigkeit zu optimieren. Die durch Ingenieurinnen und Ingenieure zu leistenden Aufgaben werden damit umfangreicher und komplexer. Ihr Beruf wird damit noch vielseitiger und spannender, als er bisher bereits war. Ingenieure und Ingenieurinnen werden zu technischen Experten und Expertinnen der Nachhaltigkeit bzw. der nachhaltigen Entwicklung. Bei Fragen der Technikfolgenabschätzung, der Technikfolgenbewertung und der Beurteilung der Nachhaltigkeit technischer Produkte und Systeme gehören sie als gleichwertige Partner mit an den runden Tisch.

Da nachhaltige Entwicklung in aller Regel fachbereichsübergreifend ist, bedarf es einer Änderung der Curricula ingenieurwissenschaftlicher Studiengänge. So ist neben einer soliden Fachbildung auch eine breite Allgemeinbildung nötig, die beispielsweise in einen studium generale vermittelt wird. Zu einem solchen studium generale gehören eine Einführung in die Grundlagen nachhaltiger Entwicklung ebenso, wie die Vermittlung von Grundkenntnissen der Ethik im Allgemeinen und der Technikethik im Besonderen. Das vorliegende Buch möchte hierzu einen Beitrag leisten.

Es möchte auch dazu beitragen, den Ingenieurwissenschaften einen Weg aufzuzeigen, der ihnen ihre Eigenständigkeit und Selbstbestimmung zurückgibt, die sie in den letzten Jahrzehnten zum Teil an die Ökonomie abgetreten haben und sie zu einer Unterdisziplin der Ökonomie werden ließen. Zum Zwecke der Gewinnmaximierung wurden die Ingenieurwissenschaften in der Vergangenheit zunehmend instrumentalisiert und damit sukzessive ihrer Autonomie, ihrer besonderen Stärke und ihrer ureigenen Substanz beraubt. Der nachhaltigen Entwicklung technischer Produkte und Systeme wurde damit kein Dienst erwiesen. Die nachhaltige Gestaltung unserer Gegenwart und Zukunft erfordert eine Umkehr, eine an Nachhaltigkeit orientierte Ökonomie *und* ebenso eine an Nachhaltigkeit ausgerichtete Ingenieurwissenschaft, die beide gemeinsam *und* gleichrangig diese Zukunftsaufgabe aufrichtig angehen.

Im ▶ Kap. 2 *Was ist Nachhaltigkeit?* werden der Begriff der Nachhaltigkeit und derjenige der nachhaltigen Entwicklung entfaltet, eine Begriffsbestimmung entwickelt und die Notwendigkeit nachhaltiger Entwicklung aufgezeigt. Es wird gezeigt, dass Nachhaltigkeit im Kern darauf zielt, allen heute lebenden und allen künftig lebenden Menschen ein menschenwürdiges Leben in einer sozial, ökologisch und ökonomisch intakten Umwelt zu ermöglichen. Nachhaltiges Handeln erweist sich damit zugleich als ein Handeln im Dienste der Menschenwürde. Nachhaltigkeit und Menschenwürde gehen Hand in Hand. Und damit wird nachhaltiges Handeln zu einer moralischen Pflicht.

Im ▶ Kap. 3 *Modelle der Nachhaltigkeit – Wo ist die Technik?* werden bekannte Modelle der Nachhaltigkeit erörtert. Dabei wird deutlich, dass in ihnen zwar das Soziale, die Ökologie und die Ökonomie vorkommen, die Technik aber zumeist fehlt. Das ist verwunderlich. Denn zwar hat die Technik, ebenso wie die Ökonomie, viele der aktuellen Probleme mit verursacht, aber sie kann zu ihrer Lösung, ebenfalls wiederum wie die Ökonomie, einen wichtigen Beitrag leisten. Die bestehenden Modelle suggerieren, dass Technik keine eigenständige Disziplin ist, sondern eine Subdisziplin der Ökonomie. Dies ist aber nicht korrekt. Technikwissenschaften und Ökonomie arbeiten zwar vielfach Hand in Hand, aber dennoch sind die Technikwissenschaften ebenso frei und autonom wie alle anderen Wissenschaften. Dies ist in den Modellen zu berücksichtigen. Zudem stellen die Modelle die Nachhaltigkeit meist als Zweck und nicht als Mittel dar. Auch dies ist zu korrigieren. Es wird daher im ▶ Kap. 3 ein alternatives Modell vorgestellt, das die Mängel der bestehenden behebt.

1

▶ Kap. 4 *Technik und Nachhaltigkeit* führt die Technik und die nachhaltige Entwicklung zusammen. Es zeigt, dass eine nachhaltige Technikentwicklung nicht nur auf die Optimierung der Funktion achtet, sondern gleichzeitig und gleichwertig humane, soziale, ökologische und ökonomische Aspekte berücksichtigt. Eine der Nachhaltigkeit verpflichtete Technikentwicklung wird zudem eine Abschätzung und Bewertung möglicher Technikfolgen durchführen und über diese aufklären. Eine derartige Technik ist stets auch kritisch und selbstkritisch, wobei unter Kritik hier eine systematische, sachliche und konstruktive verstanden wird, also eine Kritik, wie sie in Wissenschaft und Forschung üblich ist. Eine solche Kritik fördert den technischen Fortschritt hin zur Entwicklung nachhaltiger Produkte und Systeme und damit letztendlich auch zu einer an Nachhaltigkeit orientierten Ökonomie. Ein nachhaltiger Fortschritt unterscheidet sich vom zügellosen Fortschritt, der sich weder in humaner, sozialer und ökologischer Hinsicht Grenzen setzt und daher in jeder Beziehung kontranachhaltig ist.

In ▶ Kap. 5 *Lebensphasen eines Produktes* wird gezeigt, dass ein technisches Produkt vier Lebensphasen durchläuft – Materialbeschaffung, Produktion, Nutzung und Entsorgung – und in allen diesen Phasen die Ziele der Nachhaltigkeit gleichrangig zu berücksichtigen und umzusetzen sind. Letztendlich werden diese Ziele aber nur dann erreicht, wenn die Materialien der entsorgten Produkte wieder in den Kreislauf zurückgeführt werden, was heute unter dem Begriff der Kreislaufwirtschaft und dem des Cradle-to-Cradle (C2C) bekannt ist. Es wird gezeigt, welche Konsequenzen die Missachtung der Nachhaltigkeit in den einzelnen Lebensphasen eines Produktes haben und welche Anforderung sich daraus an die nachhaltige Entwicklung technischer Produkte in diesen Phasen ergeben.

▶ Kap. 6 *Technik und Wissenschaft im 21. Jahrhundert* wirft einen Blick auf die Technik und Wissenschaft des 21. Jahrhunderts und damit auf Themen wie virtuelle Realität, human enhancement, Biofakte, Digitalisierung, künstliche Intelligenz und autonomes Fahren. Die damit verknüpften Entwicklungen werden das Leben des Menschen in allen Bereichen verändern, im Beruf sowie im Privaten. Daher ist gerade bei diesen Entwicklungen auf die Einhaltung der zentralen Ziele der Nachhaltigkeit zu achten. Es wird dabei besonders auf Ingenieurinnen und Ingenieure ankommen, die in der Nachhaltigkeit geschult sind, sich der Notwendigkeit nachhaltiger Entwicklung bewusst sind und verantwortlich daran mitwirken, dass diese Entwicklungen zum Nutzen und nicht zum Schaden des Menschen verlaufen.

▶ Kap. 7 *Kontranachhaltige Irrtümer* richtet einen konstruktiv-kritischen Blick auf die Ingenieurwissenschaften und deckt einige Mängel auf, die auch heute noch zum Teil nicht behoben sind, wie zum Beispiel die These der Wertfreiheit der Wissenschaften im Allgemeinen und derjenigen der Ingenieurwissenschaften im Besonderen. Es sind Mängel, die der nachhaltigen Entwicklung technischer Produkte und Systeme zum Teil entgegenstehen. Es wird gezeigt, wie die Ingenieurwissenschaften im Zuge einer Transformation zu einer nachhaltigen Wissenschaft werden können, in der die humane, gesellschaftliche und ökologische Dimension technischer Produkte und Systeme gleichrangig mit ihrer technischen und ökonomischen Funktion betrachtet wird.

Im ▶ Kap. 8 *Ethik, Kodizes und Werte* wird der ethische Aspekt der Technik und ihren zugehörigen Wissenschaften beleuchtet. Es werden die Grundbegriffe der Ethik erläutert, darunter die Begriffe Moral, Autonomie und Freiheit, und ein Blick auf die etablierten ethischen Theorien gerichtet. Dies führt unmittelbar zu der für die Ingenieur- und Technikwissenschaften besonders relevanten Technikethik und zu den Ethikkodizes für Techniker und Ingenieurinnen. Das Kapitel schließt mit dem überraschendenden Ergebnis, dass sich die scheinbar antiquierten vier Kardinaltugenden gerade für die nachhaltige Entwicklung als außerordentlich modern erweisen.

Im letzten ► Kap. 9 *Bildung zur Nachhaltigkeit* wird die Bedeutung einer an Nachhaltigkeit orientierten Bildung aufgezeigt. Eine derartige Bildung ist das Fundament jeder nachhaltigen Entwicklung. Und da Nachhaltigkeit eine globale und bereichsübergreifende Aufgabe ist, erfordert eine derartige Bildung neben einer soliden Fachbildung auch eine breite Allgemeinbildung. Letztere kann beispielsweise in einem für alle Fachbereiche verbindlichen und einheitlichen studium generale vermittelt werden. Das Curriculum eines solchen studium generale sollte die sozialen, ökologischen, ökonomischen und technischen Grundlagen nachhaltiger Entwicklung ebenso beinhalten wie eine Einführung in die Ethik und das philosophische Denken, welches sich als Band erweist, das die einzelnen an der nachhaltigen Entwicklung beteiligten Bereiche verknüpft und eint.

Editorischer Hinweis: Das vorliegende Buch verfolgt aus editorischer Sicht das Ziel einer geschlechtergerechten Sprache. Zu diesem Zweck werden, wie bereits in dieser Einleitung zum Teil vollzogen, die weibliche und männliche Form zusammen aufgeführt (z. B. Ingenieurinnen und Ingenieure), wobei im späteren Verlauf entweder die Reihenfolge zyklisch verändert wird (z. B. Ingenieure und Ingenieurinnen) oder im Laufe eines Kapitels abwechselnd die männliche oder weibliche Form verwendet wird (z. B. Ingenieurin zum Beginn des Kapitels, in Folge dann Ingenieur usw.). Sollte dabei die männliche oder weibliche Form überwiegen, so ist dies keine Absicht.

Was ist Nachhaltigkeit?

Inhaltsverzeichnis

2

Nachhaltiges Handeln ist ein menschenwürdiges Handeln (jhf).

In diesem Kapitel wird nach einer kurzen Einführung (► Abschn. 2.1) der etwas sperrige Begriff der Nachhaltigkeit offengelegt, um sein Wesen und seine Bedeutung, vor allem für die Gestaltung unserer Zukunft, aufzuspüren (► Abschn. 2.2). Es ist eine Aufgabe, in der das Wohl des Menschen, der Gesellschaft und der Natur zentral sind und sich daher als eine moralische Pflicht erweist (► Abschn. 2.3). Das Kapitel fasst die Ergebnisse in einem Fazit zusammen (► Abschn. 2.4).

2.1 Einführung

Der Begriff der Nachhaltigkeit ist heute in aller Munde. Er begegnet uns auf Kongressen und Tagungen, in Büchern, Print- und Online-Medien, aber auch in den Werbeprospekten großer Supermarktketten. Gerne und häufig wird er auch in den Wahlprogrammen der großen Parteien verwendet. Meist wird dabei jedoch der Begriff der Nachhaltigkeit auf Klima- oder Umweltschutz verkürzt, was aber falsch ist. Denn dieser Begriff umfasst weitaus mehr, wie die durch die Vereinten Nationen (UN) verfassten siebzehn Ziele für nachhaltige Entwicklung zeigen, die zum 1. Januar 2016 in Kraft traten und ohne Einschränkung für alle Staaten gelten (UN 2021). Aus welchem Blickwinkel man diese Ziele auch betrachtet, es geht im Kern stets um die nachhaltige Gestaltung unserer Gegenwart und Zukunft. In den folgenden Abschnitten werden wir den sperrigen und komplexen Begriff der Nachhaltigkeit entfalten und damit seine Bedeutung, seinen Inhalt und sein Wesen offenlegen (Franz 2014, S. 21 ff., 2019, S. 129 ff.).

2.2 Nachhaltigkeit als Gestaltung der Zukunft

Dass die Gestaltung unserer Zukunft nachhaltiges Handeln erfordert wird heute kaum noch bestritten. Die Frage ist nur, wann ist unser Handeln nachhaltig und wann nicht? Wer regelmäßig Tageszeitungen ließt, gedruckt oder online, erkennt einen inzwischen nahezu inflationären Gebrauch des Begriffs nachhaltig. So finden sich in den Medien die folgenden Beispiele: Nachhaltige Störung des Hausfriedens, nachhaltige Störung des Arbeitsfriedens, nachhaltige Beeinträchtigung der Leistungsfähigkeit von Biotopen, nachhaltige Beeinträchtigung des Landschaftsbildes, nachhaltige Identitätskrise, nachhaltige Gefährdung von Gesundheit und Umwelt, nachhaltige Verschmutzung eines Spielplatzes, nachhaltige Verunreinigung der Gewässer, nachhaltige Zerstörung der Baukultur und nachhaltige Zerstörung durch Massentourismus (Franz 2014, S. 25 f.). In diesem Sinne haben auch die Reaktorkatastrophen von Tschernobyl (1986) und Fukushima (2011) eine nachhaltige Wirkung. Und wenn wir nicht rasch etwas gegen die Klimaveränderung und die Erderwärmung unternehmen, werden auch sie nachhaltige Folgen haben. Alle diese Beispiele drücken eine Entwicklung aus, die man üblicherweise gerade nicht mit der Idee einer nachhaltigen, zukunftsorientierten Entwicklung verknüpft. Es sind Entwicklungen, von denen wir vielmehr hoffen, dass sie gerade nicht nachhaltig sind.

Doch hier ist Vorsicht geboten. Denn der Begriff *nachhaltig* ist doppeldeutig (Franz 2014, S. 27). Zum einen wird er genutzt, um aufzeigen, dass etwas anhaltend, dauerhaft, bleibend oder langfristig ist. Genau in diesem bloß zeitlichen Sinne wurde der Begriff in den genannten Beispielen verwendet. Zum anderen hat der Begriff aber auch eine qualitative Bedeutung und zwar im Sinne von bewahren, erhalten und schützen. Beispiele hierfür sind der Schutz der Umwelt oder das Bewahren intakter, gesellschaftlicher Strukturen. Dass der Begriff *nachhaltig* heute zu einem Modewort geworden ist, liegt genau an dieser Doppeldeutigkeit. Denn diese macht es uns so leicht, ihn in seiner bloß zeitlichen Bedeutung öffentlichkeitswirksam zu verwenden, ohne auch nur im Geringsten an seine für die Gestaltung der Zukunft so wichtige qualitative Bedeutung zu denken. Schauen wir uns daher den Begriff der Nachhaltigkeit bzw. den der nachhaltigen Entwicklung (sustainable development) in seiner qualitativen Bestimmung etwas genauer an.

Ulrich Grober zeigt in seinem lesenswerten Buch *Die Entdeckung der Nachhaltigkeit. Kulturgeschichte eines Begriffs,* dass der scheinbar moderne Begriff der Nachhaltigkeit eine lange Kultur- und Entwicklungsgeschichte hat (Grober 2010, siehe auch 2021). Denn seine Geschichte beginnt nicht erst, wie vielfach behauptet wird, mit dem 1713 publizierten, forstwirtschaftlichen Werk *Sylvicultura oeconomica* von Hans Carl von Carlowitz, sondern bereits in der frühen Antike. Denn bereits zu dieser Zeit und vermutlich sogar noch weit früher haben Menschen nachhaltig Vorsorge getroffen, beispielsweise indem sie Nahrungs- und Holzvorräte für die Wintermonate anlegten. Richtig scheint allerdings zu sein, dass der Begriff *nachhaltig* als solcher erstmals von Carl von Carlowitz genutzt wird, der in seinem Werk, das inzwischen neu aufgelegt wurde (von Carlowitz & Hamberger 2013), die nachhaltige und einleuchtende Regel aufstellt, nicht mehr Bäume zu fällen, als nachwachsen können.

Nach einer heute vielzitierten Bestimmung im sogenannten Brundtland-Bericht *Our Common Future,* der im Auftrag der Vereinten Nationen (UN) erstellt und 1987 publiziert wurde, ist eine Entwicklung dann nachhaltig, wenn sie den Bedürfnissen der derzeit Lebenden entspricht, ohne die Möglichkeit zukünftiger Generationen einzuschränken ihren Bedürfnissen gleichfalls gerecht zu werden.

» »Sustainable development is development that meets the needs of the present without compromising the ability of future generations to meet their own needs« (Brundtland 1987, Chap. 2, S. 54).

Essentiell an dieser Bestimmung ist der Einbezug zukünftiger Generationen, der im Oktober 1994 auch im Deutschen Grundgesetz im neu geschaffenen Artikel 20a berücksichtigt wurde. Dort heißt es: »Der Staat schützt auch in Verantwortung für die künftigen Generationen die natürlichen Lebensgrundlagen und die Tiere im Rahmen der verfassungsmäßigen Ordnung durch die Gesetzgebung und nach Maßgabe von Gesetz und Recht durch die vollziehende Gewalt und die Rechtsprechung« (GG 20a). Dieser Einbezug zukünftiger Generationen gibt unmissverständlich den heute Lebenden eine besondere Verantwortung für die künftig Lebenden. Heutiges Handeln oder Nicht-Handeln darf zukünftiges Handeln nicht einschränken. Wie die seit Jahren bereits anhaltende Debatte um die erforderlichen Maßnahmen zum Schutz des Klimas zeigen, kann gerade ein Nicht-Handeln gravierende Folgen für die künftigen Generationen haben. Denn wenn heute keine hinreichenden Maßnahmen für den Klimaschutz getroffen werden, dann werden nachfolgende

2

Generationen in der Gestaltung ihres Lebens erheblich eingeschränkt. Und nicht nur das. Ihnen wird zudem eine Last aufgeladen, welche die derzeit Lebenden verursacht haben und weiterhin verursachen. Aus diesem Grund forderte der erste Senat des Bundesverfassungsgerichtes in seinem Urteil vom 24. März 2021 den Gesetzgeber auf, das bestehende Klimaschutzgesetz dahin gehend zu ändern, dass es nicht nur kurzfristige Maßnahmen bis 2030 vorsieht, sondern auch Maßnahmen und Ziele weit über 2030 hinaus (BverfG 2021). Dabei argumentiert das Gericht vor allem mit der grundrechtlich gesicherten Freiheit. Dieses Recht auf Freiheit darf künftigen Generationen nicht durch ein unzureichendes Klimaschutzgesetz genommen werden. Das Urteil des Bundesverfassungsgerichts bestätigt somit die bewährte ethische Regel, dass die Freiheit des einen dort endet, wo die Freiheit des anderen beginnt. Die Freiheit der heute Lebenden endet dort, wo die Freiheit der künftig Lebenden beginnt. Mit dem Begriff der Freiheit wird die Brundtland-Definition präzisiert. Denn sie verwendet den vagen Begriff der Bedürfnisse (needs), der vordergründig auf materielle Bedürfnisse wie Essen, Trinken und Wohnen hinzuweisen scheint. Zu diesen Bedürfnissen gehört aber auch die Freiheit in allen ihren verschiedenen Facetten: Meinungsfreiheit, Versammlungsfreiheit, Bewegungsfreiheit, Reisefreiheit usw. Und mit diesem Begriff der Freiheit, mit der Fähigkeit des Menschen zur Autonomie, zur Selbstgesetzgebung und Selbstbestimmung, kehrt nun auch die Würde des Menschen in die Bestimmung dessen ein, was Nachhaltigkeit ist.

Im Fokus der Nachhaltigkeit und damit des nachhaltigen Handelns steht, so viel wird bereits deutlich, der Mensch, der Mitmensch, die ihn umgebende Natur und Kultur und damit die Welt als Ganzes. Die Leitidee der Nachhaltigkeit besteht somit darin, allen derzeit und allen nachfolgend lebenden Menschen bedingungslos ein menschenwürdiges Leben in einem sozial, ökologisch und ökonomisch intakten Umfeld zu ermöglichen. Denn jeder Mensch hat uneingeschränkt das Grundrecht auf ein menschenwürdiges Leben. Die Brundtland-Definition lässt sich damit wie folgt präzisieren:

Definition

Nachhaltige Entwicklung zielt auf eine Gestaltung der Gegenwart und Zukunft, in der allen Menschen, unabhängig von Hautfarbe, Geschlecht, Sprache, Religion, politischer oder sonstiger Überzeugung, nationaler oder sozialer Herkunft, Eigentum, Geburt oder sonstigen Umständen, ein menschenwürdiges Leben in einer sozial, ökologisch und ökonomisch intakten Umwelt ermöglicht wird.

In dieser Bestimmung wurde der vage Begriff des Bedürfnisses durch den des menschenwürdigen Lebens ersetzt, der im Kern für ein selbstbestimmtes, autonomes Leben in körperlicher Unversehrtheit steht. Um zudem deutlich hervorzuheben, dass in die nachhaltige Entwicklung bedingungslos alle Menschen einzuschließen sind, wurde zudem noch aus Artikel 2 der Allgemeinen Erklärung der Menschenrechte die Unabhängigkeit von Hautfarbe usw. ergänzt. Der Begriff der Nachhaltigkeit und derjenige der Menschenrechte und Menschenwürde sind folglich aufs Engste miteinander verknüpft. Im Kern zielt Nachhaltigkeit also stets darauf, die Menschenrechte nicht nur zu statuieren, sondern zu leben. Menschenrechte leben bedeutet, dass Menschenrechte nicht nur einmalig zu statuieren sind, sondern auch zu leben, und zwar einerseits von jedem Einzelnen und andererseits von allen gemeinsam. Menschenrechte, die nur auf dem Papier stehen, entfalten keine Wirkung. Erst wenn die Menschenrechte (durch ich, du, er, sie, es, wir, ihr) mit Leben gefüllt werden, also erst wenn Menschen ihre Menschenrechte leben, können diese unveräußerlichen natürlichen Rechte ihre nachhaltige Wirkung entfalten. Menschenrechte leben heißt aber auch, gemeinsam eine dem Menschen würdige, lebenswerte Welt zu schaffen. Menschenrechte leben bedeutet somit ebenfalls, diese ins Alltagsleben, ins Hochschulleben, ins unternehmerische Leben und ins politische Leben zu überführen. Es geht in diesem Sinne folglich nicht nur darum, die Befriedung der Bedürfnisse heutiger und zukünftiger Generationen zu gewährleisten, sondern darum, allen Menschen heute und in der Zukunft ein menschwürdiges Leben zu ermöglichen. Dies ist mehr als nur die Ermöglichung der Befriedigung der Bedürfnisse. Nachhaltiges Handeln und menschenwürdiges Handeln gehen Hand in Hand. Zugleich ist ein Handeln, das die Würde des Menschen bedingungslos achtet, ein Handeln im Sinne der Nächstenliebe. Oder in anderen Worten: Nachhaltigkeit ist Nächstenliebe (Franz 2014, S. 38). Und dies gilt für Manager und Managerinnen, die ihrem Unternehmen eine nachhaltige Struktur verleihen, ebenso wie für Ingenieurinnen und Ingenieure, die ein nachhaltiges technisches Produkt entwickeln. Nachhaltigkeit, Menschenwürde und Nächstenliebe bilden damit ein untrennbares Trio. Wer die Würde des Menschen achtet (auch die der zukünftig lebenden) und seinen Nächsten liebt (auch den auf anderen Kontinenten lebenden), wird für ein sauberes Klima sorgen, sauberes Wasser und saubere Luft, menschenwürdige Arbeitsbedingungen, gerechte Entlohnung, gerechte Verteilung der Ressourcen, Chancengleichheit und Bildung für alle.

Die Verpflichtung zur Achtung und zum Schutz der Menschenrechte und der Menschenwürde ist in zahlreichen Staatsverfassungen verankert. Im Grundgesetz der Bundesrepublik Deutschland ist sie gleich in den ersten beiden Absätzen des allerersten Artikels aufgeführt:

i. Die Würde des Menschen ist unantastbar. Sie zu achten und zu schützen ist Verpflichtung aller staatlichen Gewalt [und eines jeden einzelnen Staatsbürgers; jhf].
ii. Das Deutsche Volk bekennt sich darum zu unverletzlichen und unveräußerlichen Menschenrechten als Grundlage jeder menschlichen Gemeinschaft, des Friedens und der Gerechtigkeit in der Welt.

Diese beiden Verfassungsartikel formulieren – nicht nur aus bundesdeutscher Sicht – eine notwendige Bedingung jeglicher nachhaltiger Entwicklung. Denn das Bekenntnis zu den allgemeinen Menschenrechten impliziert das Bekenntnis zu einer nachhaltigen Entwicklung und vice versa. Eine Realisierung der Menschenrechte ohne gleichzeitige nachhaltige Entwicklung ist folglich ebenso unmöglich, wie eine nachhaltige Entwicklung bei gleichzeitiger Missachtung der Menschenrechte. Beide bedingen einander wechselseitig. Die Menschenrechte und mit diesen der Begriff des menschenwürdigen Lebens sind folglich essentieller Bestandteil des komplexen Begriffs der Nachhaltigkeit und des komplexen Begriffspaars der nachhaltigen Entwicklung. Oder kurz: Nachhaltigkeit gründet auf Menschlichkeit und Menschenwürde. Menschlichkeit und Menschenwürde erweisen sich damit als ein Grundprinzip oder Axiom der Nachhaltigkeit. Nur wenn eine Entwicklung unter dieses Prinzip gestellt wird, kann sie beanspruchen, als eine nachhaltige Entwicklung zu gelten. Nachhaltigkeit ist somit das unbedingte Streben nach dauerhafter Menschlichkeit.

2

Und damit ist jede nachhaltige Entwicklung notwendig eine menschenwürdige Entwicklung, auch die von technischen Produkten und Systemen. Oder präziser:

> **Definition**
>
> Nachhaltigkeit ist das dauerhafte Erhalten und Bewahren der ökologischen, sozialen, kulturellen und ökonomischen Lebensgrundlagen des Menschen und das dauerhafte Achten und Schützen seiner Würde und Rechte.

In diesem Sinne repräsentiert sie zugleich eine humane, moralische Tugend, ebenso wie Ehrlichkeit, Aufrichtigkeit und Gerechtigkeit.

2.3 Nachhaltigkeit als moralische Pflicht

Das Adjektiv *nachhaltig* rekurriert auf dem Verb *nachhalten* und das Substantiv *Entwicklung* auf dem Verb *entwickeln*. Entwickeln und nachhalten sind beides menschliche Tätigkeiten oder Handlungen. Eine nachhaltige Entwicklung vollzieht sich nicht von allein oder gemäß Naturgesetzen. Sie erfordert das Eingreifen des Menschen und somit ein Handeln. Um beispielsweise ein technisches System nachhaltig zu gestalten, müssen Techniker, Technikerinnen, Ingenieurinnen und Ingenieure nachdenken, überlegen, Ideen, Pläne und Konzepte entwickeln, diese gegeneinander abwägen und sich schließlich für ein Konzept entscheiden. Dies bedeutet, sie vollführen geistige Handlungen oder besser, mentale Akte. Anschließend werden sie ihre Konzepte realisieren, indem sie beispielsweise ein bestimmtes Gerät gemäß ihrem Konzept zusammenbauen, wobei sie ggf. *löten, schrauben, sägen, feilen, bohren* oder *programmieren*. Abschließend werden sie ihr Gerät *prüfen, testen* und *vermessen*. Alle kursiv gesetzten Worte sind erneut Verben und beschreiben folglich menschliche Handlungen. Ergo: Nachhaltiges Entwickeln ist stets nachhaltiges Handeln oder kurz: es ist Handeln.

Es gibt folglich keine Nachhaltigkeit ohne Handeln. Durch die Objektivierung des Verbs *nachhalten* zum Begriff der Nachhaltigkeit wird dieser Sachverhalt allerdings verschleiert. Die Objektivierung verdinglicht den Begriff der Nachhaltigkeit und wird so dem Wesen dieses Begriffs nicht gerecht. Nachhaltigkeit ist kein Ding, sondern eine Form von Handlung. Dies hat Konsequenzen. So gehorchen beispielsweise technische Handlungen, wie sie von Ingenieurinnen und Technikern ausgeführt werden, keinem naturgesetzlichen Automatismus oder Determinismus (▶ Kap. 7). Sie unterstehen daher ebenso wie Alltagshandlungen moralischen Regeln, Konventionen, Normen und Werten. In Freiheit ausgeführte technische Handlungen sind zu begründen, nicht zu erklären. Sie folgen Gründen, nicht Ursachen oder naturgesetzlichen Zwängen. Technische Handlungen sind daher auch nicht wertfrei (Franz 2007). Sie sind ebenso wie ihre Folgen zu verantworten. Technische Handlungen sind folglich Gegenstand der Ethik im Allgemeinen bzw. der Technikethik im Besonderen (▶ Kap. 8).

Was soeben für den Bereich der Technik bzw. den der Ingenieurwissenschaften expliziert wurde, gilt gleichermaßen für die Ökonomie, aber selbstverständlich auch für jeden anderen Bereich und jede andere Wissenschaft. Erforderlich sind folglich nicht nur eine Technikethik, sondern u. a. auch eine Wirtschaftsethik, eine Wissenschaftsethik und in puncto nachhaltigem Handeln eine Nachhaltigkeitsethik. Jedes

Handeln ist zu verantworten, auch nachhaltiges Handeln. Dies bedeutet, es ist auf die Frage zu antworten, warum so und nicht anders gehandelt wurde. Und diese Antwort ist plausibel und intersubjektiv nachvollziehbar zu begründen. Hieraus folgen zwei weitere Bestimmungen des Begriffs der Nachhaltigkeit:

Definition

Nachhaltigkeit ist verantwortungsvolles Handeln gegenüber dem Menschen und seiner Würde. Nachhaltigkeit ist die moralische Verpflichtung zum menschenwürdigen Handeln.

Als Handlung untersteht nachhaltiges Entwickeln ebenso moralischen Regeln wie jede andere Handlung auch. Nachhaltiges Entwickeln zeichnet sich gegenüber Alltagshandlungen sogar durch besondere Anforderungen und damit durch eine besondere Verantwortung aus. Es ist daher erforderlich, neben Technikethik, Wirtschaftsethik, Medizinethik u. a., auch eine gesonderte Nachhaltigkeitsethik und einen Ethikkodex der Nachhaltigkeit zu begründen. Ein solcher Kodex besteht in aller Regel aus Geboten. Eines dieser Gebote könnte in Übereinstimmung mit den bisherigen Überlegungen und Ergebnissen das folgende sein (Franz 2014, S. 41):

Grundsatz

Moralischer Nachhaltigkeitsgrundsatz: Du sollst die Bedingungen der Möglichkeit eines menschenwürdigen Lebens nicht gefährden, sondern vielmehr erhalten, bewahren, schützen und fördern.

2.4 Fazit

In diesem Kapitel wurde der komplexe und daher nicht leicht fassbare Begriff der Nachhaltigkeit offen gelegt. Dabei zeigte sich, dass dieser Begriff weitaus mehr einschließt, als üblicherweise vermutet wird. Denn es geht bei Nachhaltigkeit bzw. der nachhaltigen Entwicklung nicht nur um den Klimaschutz, sondern um die Gestaltung einer Gegenwart und Zukunft in der alle Menschen bedingungslos ein menschenwürdiges Leben in einer sozial, ökologisch und ökonomisch intakten Umwelt führen können.

In Anbetracht der vielfältigen ökologischen und sozialen Probleme, wie beispielsweise der Klimawandel und die menschenunwürdigen Arbeitsbedingungen in vielen Ländern unserer Erde, darf diese Aufgabe der nachhaltigen Gestaltung unserer Gegenwart und Zukunft nicht hinausgezögert werden. Es besteht Handlungsbedarf, die Notwendigkeit zum nachhaltigen Handeln. »Was wir bisher getan haben, ist schlichtweg nicht genug. Wir müssen die 20er Jahre zum Jahrzehnt der Nachhaltigkeit machen«, sagte Bundeskanzlerin Angela Merkel am 8. Juni 2021 in ihrer Rede auf der 20. Jahreskonferenz des Rats für Nachhaltige Entwicklung (RNE2021). Dieser Aufruf, der bereits viele Jahre früher hätte erfolgen und umgesetzt werden müssen, richtet sich an alle Bürgerinnen und Bürger, gleich in welchem Bereich sie oder er tätig ist. Er richtet sich insbesondere auch an alle Ingenieurinnen

2

und Ingenieure die mit ihrem Fachwissen, ihrer Kreativität, ihrem Schöpfungs- und Ideenreichtum entscheidend zur nachhaltigen Entwicklung unserer Gegenwart und Zukunft beitragen können. Bevor wir uns ihr Potential bezüglich dieser anspruchsvollen Aufgabe genauer anschauen, richten wir unseren Blick zunächst noch auf visualisierende Modelle der Nachhaltigkeit und die Rolle der Technik und der Ingenieurwissenschaften innerhalb dieser Modelle.

Literatur

Brundtland GH et. al. (1987) Report of the world commission on environment and development (Brundtland Report)

BVerfG, Beschluss des Ersten Senats vom 24. März 2021 – 1 BvR 2656/18 -, Rn. 1–270. ► http://www. bverfg.de/e/rs20210324_1bvr265618.html. Zugegriffen: 26. Sept. 2021

Franz JH (2007) Wertneutralität – Ein Irrtum in der Technikdiskussion. In: Franz, JH, Rotermundt R (Hrsg) (2009) Philosophie und Technik im Dialog. Berlin, Frank & Timme Verlag für wissenschaftliche Literatur, S. 93–121

Franz JH (2014) Nachhaltigkeit, Menschlichkeit, Scheinheiligkeit. München, oekom

Franz JH (2019) Warum die Gestaltung der Zukunft der Philosophie bedarf. In: Berr K, Franz JH. (Hrsg) Zukunft gestalten. Digitalisierung, Künstliche Intelligenz (KI) und Philosophie. Berlin, Verlag für wissenschaftliche Literatur Frank & Timme, S. 129–138

Grober U (2010) Die Entdeckung der Nachhaltigkeit. Kulturgeschichte eines Begriffs. München, Kunstmann

Grober U (2021) Schlüssel zum Überleben. Gravität und Flexibilität des Nachhaltigkeitsbegriffs. Hannover, der blaue reiter. J Philos 48(2/2021): 6–9

Merkel A (2021) Rede auf der 20. Jahreskonferenz des Rats für Nachhaltige Entwicklung (RNE2021) am 8. Juni 2021

United Nations: Sustainable Development Goals (SDGs) (2021). ► https://sdgs.un.org/goals. Zugegriffen: 24. Sept. 2021

Von Carlowitz HC, Hamberger J (Hrsg) (2013) Sylvicultura oeconomica oder Haußwirthliche Nachricht und Naturmäßige Anweisung zur Wilden Baum-Zucht. München, oekom

Modelle der Nachhaltigkeit – Wo ist die Technik?

Inhaltsverzeichnis

© Der/die Autor(en), exklusiv lizenziert durch Springer Fachmedien Wiesbaden GmbH, ein Teil von Springer Nature 2021
J. H. Franz, *Nachhaltige Entwicklung technischer Produkte und Systeme*,
https://doi.org/10.1007/978-3-658-36099-3_3

Die Technik ist eine tragende Säule der Nachhaltigkeit (jhf).

In diesem Kapitel werden nach einer Einführung (► Abschn. 3.1) Modelle vorgestellt, die den komplexen Begriff der Nachhaltigkeit visualisieren und ihn dadurch ein Stück weit veranschaulichen und vereinfachen. Ziel dieses Kapitels ist, ausgehend vom bekannten Dreisäulenmodell (► Abschn. 3.2) und einer Mittel-Zweck-Betrachtung (► Abschn. 3.3) ein Modell der Nachhaltigkeit zu entwickeln und zu begründen, das einerseits deutlicher als die anderen Modelle die Notwendigkeit zur nachhaltigen Entwicklung aufzeigt und andererseits die Wechselwirkung derjenigen Begriffe offenlegt, die innerhalb der Nachhaltigkeitsdebatte eine Schlüsselrolle haben (► Abschn. 3.4). Von besonderer Bedeutung wird dabei die Frage sein, welche Rolle die Technik innerhalb dieser Debatte und Modelle spielt. Das Kapitel schließt mit einem Fazit (► Abschn. 3.5).

3.1 Einführung

Zur Beantwortung der Frage, was Nachhaltigkeit ist, wurden in den letzten Jahren verschiedene Modelle entwickelt, welche die unterschiedlichen Aspekte der Nachhaltigkeit visualisieren (vgl. hierzu Franz 2014, S. 123 ff.). Das gegenwärtig sicherlich bekannteste, obgleich nicht unumstrittene Modell der Nachhaltigkeit ist das Dreisäulenmodell (◘ Abb. 3.1). In diesem einfachen Modell ruht das Dach der Nachhaltigkeit scheinbar sicher und fest auf drei gleichstarken und nebeneinander angeordneten Säulen. Diese drei Säulen sind die Ökologie, die Ökonomie und das Soziale. Das Modell ist einprägsam und prima facie plausibel.

Das Dreisäulenmodell ist allerdings umstritten, da es »nur schwer operationalisierbar ist und sich kaum praktische Konsequenzen ableiten lassen« (Pufé 2012, S. 111). Im Folgenden wird begründet, dass die Schwäche dieses Modells nicht primär seine fehlende Operationalisierbarkeit ist, sondern dass es zumindest zwei grundsätzliche Mängel aufweist: Erstens offenbart das Modell nicht den immanenten Zweck der Nachhaltigkeit, sondern erweckt vielmehr den Eindruck, dass die Nachhaltigkeit selbst Zweck und Ziel ist. Zweitens suggeriert die Anordnung der drei Säulen, nämlich eine in der Mitte und jeweils eine links und rechts davon, dass es

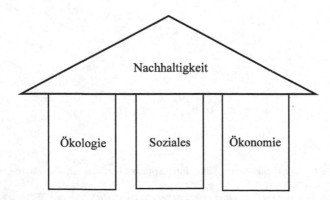

◘ **Abb. 3.1**   Das Dreisäulenmodell der Nachhaltigkeit

einerseits keiner weiterer Säulen bedarf, um die Nachhaltigkeit sicher zu tragen, und dass es andererseits genau die drei aufgeführten Säulen sind, die benötigt werden, und keine anderen. Je nach Vorliebe kann das Soziale, die Ökologie oder die Ökonomie als mittlere Säule platziert werden und damit die Vorrangstellung dieser Säule gegenüber den jeweils beiden benachbarten Säulen hervorgehoben werden.

Dass es genau diese drei Säulen sind, ist historisch bedingt. Das Dreisäulenmodell ist also keine Konzeption der Gegenwart, sondern eine historisch gewachsene. Seine Wurzeln reichen zumindest bis in das 18. Jahrhundert. Hieraus folgt aber nicht, dass es nicht angetastet und nicht verändert werden darf. Historische Wurzeln begründen auch keine dauerhafte Gültigkeit. Historische Wurzeln sind zu pflegen und zu achten, und zwar derart, dass sie in Neues einfließen und Veränderungen zulassen und mitgestalten. Genau dies steht im Fokus der nachfolgenden Abschnitte. Es wird der Versuch unternommen, ein alternatives Modell der Nachhaltigkeit zu entwickeln, das die Historie des Dreisäulenmodells achtet und seine Grundkonzeption berücksichtigt, gleichzeitig aber seine beiden oben genannten Mängel beseitigt. Das neue Modell wird dabei primär die Aufgabe erfüllen, die Leitidee der Nachhaltigkeit zum Ausdruck zu bringen, die allen nachhaltigen Entwicklungen zugrunde liegt. Um dieses Modell zu entwickeln ist zuvor jedoch ein tiefergehender und kritischer Blick auf die Besonderheiten und Mängel des Dreisäulenmodells und seiner Varianten zu richten.

3.2 Die drei Säulen der Nachhaltigkeit

Das Dreisäulenmodell ist nicht das einzige Modell der Nachhaltigkeit. Inzwischen gibt es eine Reihe diverser Modelle, die sich vor allem in ihrer Differenziertheit und ihrer Gewichtung der drei Säulen unterscheiden. Eines aber ist diesen Modellen gemeinsam: Sie gründen nahezu ausnahmslos auf den drei Säulen der Ökologie, der Ökonomie und des Sozialen. An diesen Säulen wird nicht gerüttelt. Sie bilden unhinterfragt das Fundament nahezu aller Modelle, auch wenn sie in den einzelnen Modellen nicht durchgängig gleichrangig angeordnet sind. Ökologie, Ökonomie und Soziales werden als selbstevidente Prämissen oder Axiome präsentiert. Aber sind sie dies de facto? Sind sie in der Tat nicht weiter hinterfragbar? Bilden sie wirklich das Fundament der Nachhaltigkeit? Sind sie tatsächlich so unbedingt, wie sie in den Modellen erscheinen? Repräsentieren sie wirklich diejenigen Bedingungen, die Nachhaltigkeit allererst ermöglichen? Kann es nicht sein, dass sie selbst wieder bedingt sind? Und falls ja, welches sind dann die Bedingungen der Möglichkeit von Nachhaltigkeit? Zur Beantwortung dieser Frage sind zwei Seiten nicht zu verwechseln: Einerseits das Ziel der Nachhaltigkeit, andererseits die Bedingungen, die dieses Ziel ermöglichen (Franz 2014, S. 123 ff.).

Für die hier verfolgte Absicht, ein neues Modell der Nachhaltigkeit zu entwickeln, ist vor allem das Ziel der Nachhaltigkeit und ihr immanenter Zweck von Bedeutung. Das Dreisäulenmodell und seine Varianten vermitteln den Eindruck, dass die Nachhaltigkeit selbst das anzustrebende Ziel ist und die drei Säulen die zu diesem Ziel führenden Wege sind. Die Nachhaltigkeit ist somit der Zweck und die drei Säulen die dazu adäquaten Mittel. Dieser Ansatz erscheint für die Umsetzung der Idee der Nachhaltigkeit außerordentlich praktisch, da er auf das in vielen Bere-

3

ichen übliche Mittel-Zweck-Denken und damit auf kausales Denken rekurriert, das verhältnismäßig leicht zu praktizieren ist. Dies ist auf den ersten Blick zwar nicht falsch, aber unpräzise.

Die drei Säulen, auf denen die Nachhaltigkeit im Dreisäulenmodell ruht, sind, wie bereits einführend erwähnt, historisch bedingt. Zu Beginn des 18. Jahrhunderts wurde durch Hans Carl von Carlowitz zunächst die wirtschaftliche Säule errichtet (von Carlowitz 1713). Von Carlowitz verfolgte das Ziel einer nachhaltigen Forstwirtschaft, die ihre Ressource Holz nicht stärker nutzt als sie nachwächst. Denn mit der Erschöpfung der Ressource Holz wird zugleich die wirtschaftliche Grundlage der Waldbewirtschaftung und damit die Forstwirtschaft selbst zerstört. Betroffen sind als Folge auch die von der Forstwirtschaft abhängigen Wirtschaftsunternehmen. Von Carlowitz, der auch erstmals den Begriff *nachhaltig* verwendete, verfolgte also primär ein partikuläres, wirtschaftliches Interesse, worauf bereits der Titel seines Werkes *Sylvicultura oeconomica* verweist. Der Umwelt- oder Waldschutz diente somit vorrangig dem Zwecke der Wirtschaft, aber noch nicht dem Zweck der Erhaltung und Bewahrung der Natur. Umweltschutz war also nicht Zweck, sondern Mittel zum Zweck. Das Ergebnis, das mit der *Sylvicultura oeconomica* angestrebt wurde, war somit noch weit von den globalen ökologischen und sozialen Zielen der gegenwärtigen Nachhaltigkeitsbestrebungen entfernt. »Die Geburt der Ökologie« (Grober 2010, S. 126) erfolgte einige Jahrzehnte später durch Carl von Linné. Ihre Bedeutung war aber im Vergleich zur Ökonomie noch verschwindend gering. Dies änderte sich erst zweihundert Jahre später.

Mit dem 1972 im Auftrag des Club of Rome erstellten Bericht *The Limits to Growth* (Grenzen des Wachstums, Meadows et al. 1972) und dem 1987 von der UN-Kommission für Umwelt und Entwicklung erstellten Brundtland-Bericht *Our Common Future* (Unsere gemeinsame Zukunft, Brundtland et al. 1987) wurde die Nachhaltigkeit auf eine breitere Basis gestellt und die Notwendigkeit einer globalen nachhaltigen Entwicklung begründet. Diese Basis umfasste nun nicht mehr nur den Aspekt der Ökonomie, sondern auch die Aspekte der Ökologie und des Sozialen. Seit dieser Zeit gelten Ökologie, Ökonomie und Soziales als die drei Säulen der Nachhaltigkeit. Der Erfolg einer globalen nachhaltigen Entwicklung wurde damit abhängig vom gemeinsamen Erfolg in diesen drei Säulenbereichen, wobei zu beachten ist, dass alle drei Bereiche sich wechselseitig und teilweise auch gegenläufig beeinflussen. Insbesondere besteht zwischen Ökologie und Ökonomie ein starkes Spannungsverhältnis. Es ist ein Spannungsverhältnis, das sich allerdings seit einigen Jahren als Folge der Transformation der Ökonomie hin zu einer nachhaltigen Ökonomie zunehmend entspannt und auflöst.

Die drei Säulen sind, so viel wird aus dem Bisherigen deutlich, in der Tat historisch bedingt und behaupten damit offensichtlich zurecht ihren Platz. Soweit scheint alles im Lot. Dennoch drängen sich Fragen auf. Es sind vor allem zwei Fragenkomplexe, die sich bei einer kritischen Auseinandersetzung mit dem Dreisäulenmodell oder seinen Varianten zu erkennen geben (Franz 2014, S. 123 ff.):

(i) Warum sind es nur drei Säulen und warum gerade die drei oben aufgeführten? Warum sind Wissenschaft, Technik und Kultur keine Säulen der Nachhaltigkeit? Kann nicht gerade die Wissenschaft in interdisziplinärer und fachbereichsübergreifender Zusammenarbeit einen wesentlichen Beitrag zur Lösung der vielfältigen komplexen Probleme und Fragen erbringen, die mit der nachhaltigen Entwicklung untrennbar verknüpft sind? Und wie steht es vor allem mit der

Technik? Leistet nicht gerade sie mit ihrer Entwicklung energiesparender und ressourcenschonender Produkte und ihrer Realisierung von Verfahren zur effizienten Erzeugung regenerativer Energie mittels Wasserkraft-, Windkraft- und Photovoltaikanlagen einen entscheidenden Beitrag zur Nachhaltigkeit? Und was ist mit der Kultur? Auch sie spielt, wie Grunwald und Kopfmüller begründen, bei der Umsetzung der Nachhaltigkeit eine entscheidende Rolle (Grunwald und Kopfmüller 2012, S. 16). So ist eine Kultur des grenzenlosen Konsums jeglicher nachhaltigen Entwicklung gegenläufig. Der Erfolg der nachhaltigen Entwicklung erfordert eine Kultur des nachhaltigen Denkens und Handelns, und zwar nicht nur in den Köpfen einiger Weniger, sondern in allen Köpfen. Er erfordert vor allem ein Umdenken bei all denjenigen, die in den wohlhabenden Industrieländern leben und deren nahezu unbegrenzter Konsum und Wohlstand überwiegend zu Lasten der Menschen in den Entwicklungsländern geht. »Eine offene Frage ist, ob es auf diese Weise gelingt, eine beständige Kultur der Nachhaltigkeit in Bezug auf Lebensstile und Konsumverhalten bei einer Mehrheit der Menschen zu etablieren« (ebd.).

Es ist nicht plausibel, warum Technik und Wissenschaft, vor allem die Ingenieurwissenschaften, nicht gleichfalls gleichrangige Säulen der Nachhaltigkeit sind. Im Gegenteil, die soeben aufgeführten Gründe sprechen dafür, sie ebenfalls in die Reihe der tragenden Säulen einzureihen. Und nicht nur sie. Ähnliche Gründe können für die Einreihung vieler weiterer Bereiche aufgeführt werden, wie beispielsweise die Architektur, der Städtebau, der Tourismus, die Landwirtschaft, das Fischereiwesen und der Weinbau. Alle aufgeführten Bereiche können auf ihre Weise zum Erfolg der nachhaltigen Entwicklung beitragen. Zu nennen sind aber vor allem auch die Bildung und die Kunst, die einen ganz besonderen Beitrag zu leisten imstande sind, nämlich Aufklärung. Bildung erweist sich gar als eine notwendige Bedingung der Möglichkeit zur Nachhaltigkeit schlechthin (► Kap. 9).

(ii) Nachdem begründet wurde, dass die Nachhaltigkeit de facto auf mehr als drei Säulen ruht, ist nun zu fragen, ob jede einzelne der drei traditionellen und historisch bedingten Säulen gerechtfertigt in der Reihe der Säulen steht.

(ii-a) Ist die Ökologie zurecht eine Säule der Nachhaltigkeit? Diese Frage ist zweifelsfrei mit Ja zu beantworten (Franz 2014, S. 128). Denn ein intaktes und gesundes Ökosystem sind eine notwendige Bedingung der menschlichen Existenz und zwar der gegenwärtig lebenden Menschen als auch der zukünftigen Generationen. Menschen brauchen saubere Luft zum Atmen und sauberes Wasser zur Ernährung. Die Ökologie vermag über die Bedingungen des Lebendigen und Organischen aufzuklären und daraus die notwendigen Erfordernisse eines gesunden Ökosystems abzuleiten. Sie liefert als Wissenschaft die dazu adäquate Theorie. Man darf die Ökologie als Wissenschaft nicht mit ihrem Gegenstand verwechseln. Die Untersuchungsgegenstände der Ökologie sind das Ökosystem, die Wechselwirkungen seiner Teile zueinander und im Verhältnis zum Ökosystem als Ganzes. Die Ökologie ist aber nicht das Ökosystem selbst und auch nicht die Natur, auch wenn heute alltagssprachlich Ökologie häufig auf Natur verkürzt oder mit Natur- und Umweltschutz identifiziert wird. Ein Kernziel der Nachhaltigkeit ist die dauerhafte Bewahrung und Erhaltung des Ökosystems als notwendige Bedingung der menschlichen Existenz; die Ökologie liefert die dazu notwendigen wissenschaftlichen Erkenntnisse. Die Ökologie ist damit eine wichtige wissenschaftliche Säule der Nachhaltigkeit.

(ii-b) Ist das Soziale eine berechtigte Säule der Nachhaltigkeit? Auch diese Frage ist affirmativ zu beantworten, obgleich hier eine begriffliche Klärung oder Korrektur erforderlich ist (Franz 2014, S. 128 ff.). Ebenso wie eine dauerhaft gesunde Natur gehört eine dauerhaft intakte Sozialstruktur zu den Grundbedingungen eines menschenwürdigen Lebens. Der Mensch ist als soziales Wesen auf seine Mitmenschen angewiesen. Verteilungsungerechtigkeiten, Chancenungleichheiten, soziale Ungerechtigkeiten und vieles mehr lassen das Sozialsystem erkranken. Das Sozialsystem steht daher ebenso wie das Ökosystem im Fokus einer jeden nachhaltigen Entwicklung. So wie das Ökosystem Gegenstand der Ökologie ist, sind das Sozialsystem und seine Struktur Gegenstand der Soziologie und anderer gesellschaftsorientierter Fachwissenschaften. Eine gesunde Sozialstruktur ist ein Kernziel der Nachhaltigkeit und zwar als Grundlage für ein menschenwürdiges Leben und als Bedingung für den sozialen Frieden und die soziale Gerechtigkeit. Die Soziologie erbringt die dazu notwendigen Erkenntnisse. Sie weiß um die Bedingungen gesunder Gesellschaften. Sie ist daher gleichfalls eine wichtige Säule der Nachhaltigkeit. An dieser Stelle entsteht nun ein begriffliches Dilemma, das der bereits oben angekündigten Klärung bedarf. Denn in den bekannten Dreisäulenmodellen wird diese Säule nahezu ausnahmslos mit Soziales und nicht mit Soziologie bezeichnet. Wenn man sie Soziales nennt, dann passt sie aber nicht zur Säule der Ökologie, da beide von ganz anderer Kategorie sind. Die Ökologie ist eine Wissenschaft, eine Theorie oder Lehre, worauf bereits der Begriffsteil *logie* verweist, der auf dem griechischen Begriff *logos* gründet und damit Wort und Rede aber auch Verstand, Vernunft und Lehre bedeutet. Sie ist somit ein Mittel nachhaltiger Entwicklung, die wiederum ein gesundes Ökosystem als Ziel oder Zweck hat. Das Soziale ist aber kein Mittel nachhaltiger Entwicklung, sondern ihr Zweck. Behält man folglich die beiden Säulen mit den unveränderten Bezeichnungen Ökologie und Soziales bei, dann steht neben einer Mittel-Säule eine Zweck-Säule. Das ist inkonsequent und verwirrend. Solange man allerdings um dieses begriffliche Dilemma weiß und es nicht zu Missverständnissen oder Problemen bei der Verwirklichung der Idee der Nachhaltigkeit führt, kann es bestehen bleiben, auch wenn es auf einem Kategorienfehler gründet. Ein Ausweg aus diesem Dilemma wäre, die Säule des Sozialen mit dem Begriff der Soziologie oder mit einem der folgenden Begriffe zu benennen: Soziallehre, Sozialwissenschaft oder Gesellschaftskunde. Dann wären beide Säulen gleichermaßen Mittel zum Zweck der Nachhaltigkeit, die selbst wiederum Mittel zum Zweck eines gesunden Ökosystems und einer intakten Sozialstruktur als Grundlage für ein menschenwürdiges Leben ist. Im Folgenden wird der Begriff des Sozialen als Säulenbezeichnung beibehalten, da er in den bekannten Modellen inzwischen etabliert ist. Ebenso wie das historisch Bedingte ist aber auch das Etablierte kein Grund, den Sinn und die Plausibilität einer solchen Bezeichnung nicht kritisch zu hinterfragen, um Kategorienfehler und Begriffsverwirrungen, wie die soeben aufgezeigten, aufzudecken und über diese aufzuklären.

(iii-c) Ist die Ökonomie zurecht eine Säule der Nachhaltigkeit? In puncto dieser Frage ist die Sachlage nicht ganz so einfach wie bei der Ökologie und dem Sozialen (Franz 2014, S. 130 ff.). Denn hier stehen zwei einander widersprechende Seiten gegenüber: (A) Einerseits gehört wirtschaftliches Handeln wesentlich zum Menschen. Es ist eine Grundbedingung menschlichen Daseins. Denn seit Anbeginn der Menschheit haushaltet der Mensch mit dem, was er hat, insbesondere mit seinen Nahrungsmitteln. So legte er bereits in vorindustrieller Zeit rechtzeitig zum Winter einen Vorrat an Nahrungsmitteln an und teilte ihn so ein, dass er bis zum Ende des Winters reichte. In der Antike war das richtige Wirtschaften oder Haushalten ein Gegenstand philosophischer Untersuchungen. Ziel war es, eine Lehre des richtigen Hauswirtschaftens – eine Oikonomia – zu begründen, wobei dem moralischen Aspekt eine besondere Rolle zukam. Als Lehre oder Theorie ist die Ökonomie also von gleicher Kategorie wie die Ökologie und somit eine Mittel-zum-Zweck-Säule der Nachhaltigkeit. Das Ziel dieser Lehre oder Theorie ist die Aufdeckung derjenigen Voraussetzungen, die ein gesundes Wirtschaften ermöglichen und bewahren, um damit den Grundbedingungen des menschlichen Lebens gerecht zu werden. Dieses Ziel deckt sich somit mit dem Ziel der Nachhaltigkeit und die Ökonomie ist zumindest in diesem Sinne zurecht eine tragende Säule der Nachhaltigkeit. (B) Andererseits hat die moderne Ökonomie nur noch sehr wenig mit dem nachhaltigen Haushalten im ursprünglichen Sinne gemeinsam. Der moderne Haushalt ist ein komplexes Wirtschaftssystem, das im Hinblick auf einen maximalen Gewinn und ein stetiges Wachstum optimiert wird. Viele derjenigen Probleme, mit denen die nachhaltige Entwicklung heute konfrontiert ist, haben ihren Ursprung in dieser ausschließlich am Wachstum und Gewinn orientierten Ökonomie. Der Mensch kommt in diesem System einerseits als Arbeitskraft und Eingangsgröße des Systems vor und andererseits als rational denkender Konsument oder homo oeconomicus. Die Natur ist als Ressource und Quelle benötigter Rohstoffe gleichfalls nur eine Inputgröße des Systems. Wie kann aber ein Bereich, der eine Vielfalt der Probleme der Nachhaltigkeit allererst generiert hat, eine tragende Säule der Nachhaltigkeit sein? Dies erscheint widersinnig. Zweifelsfrei hat die Ökonomie entscheidend zum bestehenden Wohlstand beigetragen. Dieser Wohlstand ist allerdings auf eine Minderheit der Weltbevölkerung begrenzt und zwar vorwiegend zu Lasten der Menschen, die in ärmeren Ländern oder Entwicklungsländern leben. So sind »die Möglichkeiten der Nutzung von Umweltgütern und Ressourcen sehr ungleich verteilt [...]. Beispielsweise sorgen ca. 20 % der Weltbevölkerung für ca. 80 % des Weltenergieverbrauchs« (Grunwald und Kopfmüller 2012, S. 37). Diese Zahlen haben sich bis heute kaum verändert. Hinzu kommt eine zweite Ungleichheit und damit Ungerechtigkeit: »Diejenigen, die in der Nutzung von Umweltgütern privilegiert sind, tragen in der Regel erheblich stärker zu negativen Umweltfolgen bei – von denen sodann jedoch geographisch oder sozial andere Menschen betroffen sind« (ebd.). Diese Folgen, die der Leitidee der Nachhaltigkeit widersprechen und entgegen stehen, sind ein wesentliches Resultat der Ökonomie des 20. Jahrhunderts. Es ist erstaunlich, dass im Bereich der Technik seit vielen Jahren eine Technikfolgenabschätzung und Technikfolgenbewertung etabliert ist, es seit einigen Jahren im Bereich der Gesetzgebung eine Gesetzesfolgenabschätzung gibt, aber eine Wirtschaftsfolgenabschätzung und eine Wirtschaftsfolgenbewertung trotz gravierender Folgen für die Natur und das Soziale immer noch in den Kinderschuhen stecken.

Die folgenden Zitate aus einem Standardlehrbuch der Makroökonomik verdeutlichen, worin die Konflikte zwischen einer am Wachstum orientierten Ökonomie und der Idee der Nachhaltigkeit bestehen (Franz 2014, S. 132 ff.). In diesem Lehrbuch wird die folgende Frage gestellt: »Ist es uns egal, ob eine Volkswirtschaft mit zwei Prozent im Jahr anstatt mit einer Rate von vier Prozent wächst?« (Dornbusch et al.. 2003, S. 7). Die Antwort folgt unmittelbar darauf: »Über die Lebenszeit hinweg macht dies einen großen Unterschied: Am Ende einer Generation von Zwanzigjährigen wird ihr Lebensstandard 50 % höher liegen, wenn ein vierprozentiges im Vergleich zu einem zweiprozentigen Wachstum vorliegt. Über einen Zeitraum von hundert Jahren erzeugt ein vierprozentiges Wachstum einen Leb-

3

ensstandard, der *sieben* Mal höher liegt als der bei einem zweiprozentigen Wachstum« (ebd.). Unter Wachstum wird in diesem Zitat, so wie im gesamten Lehrbuch, stets ein Wachstum des Bruttoinlandsproduktes (BIP) verstanden, wobei das BIP »den Wert aller Endprodukte und Dienstleistungen, die in einem Land innerhalb einer gegebenen Periode erstellt werden« (a.a.O. S. 26), repräsentiert. Das BIP »beinhaltet also den Wert der produzierten Güter, wie z. B. Häuser und CDs, aber auch den Wert von Dienstleistungen, wie Flügen und wirtschaftswissenschaftlichen Vorlesungen« (ebd.). In der obigen Antwort wird ein Wachstum des BIP ohne weitere Begründung mit einem Wachstum des Lebensstandards gleichgesetzt. Wächst das BIP in einem Zeitraum von hundert Jahren um einen Faktor sieben, dann, so wird behauptet, liegt auch der Lebensstandard siebenmal höher. Um diese beachtliche Steigerung dem Leser auch wirklich deutlich zu machen, wurde durch die Autoren die Zahl sieben kursiv gesetzt. Der komplexe Begriff des Lebensstandards wird durch die Autoren im Buch nicht erläutert. Was bedeutet Lebensstandard? Bedeutet er Lebensqualität? Was bestimmt die Qualität des menschlichen Lebens? Und falls doch Lebensstandard, wer bestimmt nach welchen Kriterien, was zu diesem Standard gehört und was nicht? Was macht diesen Standard aus? Diese Fragen werden durch die Autoren des Lehrbuches nicht beantwortet. Eine Antwort ist insbesondere dann von Relevanz, wenn die Gleichsetzung von Wachstum des BIP und Wachstum des Lebensstandards de facto Gültigkeit beanspruchen kann. Kann sie es? Ein siebenfach höherer BIP wäre beispielsweise dann gegeben, wenn es siebenmal mehr Häuser und siebenmal mehr Straßen gäbe und auf diesen Straßen siebenmal mehr Autos fahren würden und so fort. Wenn BIP und Lebensstandard gleichgesetzt werden können, warum soll man dann mit einem siebenfachen BIP zufrieden sein. Hundert mal mehr Häuser, hundert mal mehr Straßen und hundert mal mehr Autos sind doch dann viel erstrebenswerter. Der höchste Lebensstandard wäre schließlich dann gegeben, wenn jeder Wald und jeder Park, letztendlich alle Natur (diese geht nämlich nicht in das BIP ein) mit grenzenlos vielen Häusern und Straßen bebaut und auf den Straßen endlos viele Autos einen endlos langen Stau bilden würden. Die Lebensqualität wäre dann, wenn die Gleichsetzung gültig ist, unermesslich. Dass dies offensichtlich nicht der Fall ist, wird aus dieser Grenzbetrachtung deutlich. Ein Wachstum des BIP ist nicht gleichbedeutend mit einem Wachstum an Lebensqualität. Lebensstandard und Lebensqualität sind zu differenzieren. Ersterer ist primär eine materielle, monetäre Größe, eine Zahl (Bulmahn und Carstensen 2013), letztere eine Größe, die auch Immaterielles und damit Qualitatives einschließt, beispielsweise die ästhetische Freude an der Natur, an einem Konzert oder einem guten Buch. Lebensqualität und Wohlstand sind nicht notwendig an materielles Wachstum geknüpft. Zumindest in den wohlhabenden Industrieländern sind Lebensqualität und Wohlstand auch ohne ein solches materielles Wachstum möglich (Jackson 2013). Wünschenswert ist hier eine Transformation des materiellen, quantitativen Wachstums, in ein qualitatives.

In Entwicklungsländern, in denen es an Trinkwasser und Grundnahrungsmitteln ebenso mangelt, wie an Wohnungen, Häusern, Krankenhäusern, Schulen und Straßen, ist die Gleichsetzung von Lebensstandard und Lebensqualität zweifelsfrei gültig. Denn in diesen Ländern entfalten bereits kleine Entwicklungen große Wirkungen auf die soziale und wirtschaftliche Struktur. Ein quantitatives Wachstum ist in diesen Ländern unerlässlich und erwünscht. Ab einem bestimmten BIP führt aber ein weiteres Wachstum des BIP nur noch zu einer geringen Steigerung der Lebensqualität und mündet schließlich in eine Abnahme. Dies spricht zunächst nicht gegen ein Wachstum im Allgemeinen, sondern allein gegen das quantitative Wachstum des BIP im Besonderen. Daher behauptet Michael Otto zurecht: »Wir brauchen in den Industrieländern qualitatives statt quantitatives Wachstum« (Grefe und Sentker 2013). In der Presse und Fachliteratur ist seit einigen Jahren eine zunehmende Diskussion über die Zukunftsfähigkeit von Wirtschaftssystemen zu beobachten, die Arbeit und Kapital als Eingangsgrößen annehmen und das BIP als ständig zu steigernde Ausgangsgröße und Wohlstandsindikator. Die Forschung in puncto Wirtschaftssystemen, die wachstumsneutral sind oder statt auf einem quantitativen Wachstum, auf einem qualitativen gründen, steckt allerdings noch ebenso in den Kinderschuhen wie die Entwicklung alternativer Wohlstandsindikatoren. Zu einer solchen Forschung gehört auch das Hinterfragen bislang kaum reflektierter Grundbegriffe. Hierzu gehört die Frage, was Wohlstand ist. Diese Frage kann nicht mehr im Rahmen der Ökonomie selbst beantwortet werden, sondern bedarf einer philosophischen Reflexion. Gleiches gilt für den Begriff des Wachstums. Der Deutsche Bundestag richtete hierzu die Enquete-Kommission *Wachstum, Wohlstand, Lebensqualität – Wege zu nachhaltigem Wirtschaften und gesellschaftlichem Fortschritt in der Sozialen Marktwirtschaft* ein und unterstrich damit die Bedeutung der Frage nach diesen beiden Grundbebegriffen nebst dem Begriff der Nachhaltigkeit (Deutscher Bundestag 2013). Selbstverständlich kann von heute auf morgen ein Wirtschaftssystem nicht gegen ein anderes ausgetauscht werden. Eine solche massive Veränderung bedarf nicht nur des ökonomischen Willens, sondern auch des politischen und gesellschaftlichen. Es wäre aber in der Tat eine besonders nachhaltige Entwicklung.

Da das Ziel der Nachhaltigkeit ein menschenwürdiges Leben heutiger und zukünftiger Generationen ist, wozu eine gesunde Natur und eine intakte Sozialstruktur gehören, ist es zweifelhaft, ob eine Ökonomie, die nahezu global am Wachstum festhält, diesem Ziel gerecht wird. Kann eine derart konzipierte Ökonomie eine Säule der Nachhaltigkeit sein? Wohl eher Nein. Zudem scheint es, dass in der Ökonomie in puncto Nachhaltigkeit mitunter Ziel und Mittel verwechselt werden. Das Ziel sind nachhaltige Entwicklungen, die den Zielen der Nachhaltigkeit zu ihrer Verwirklichung verhelfen. Und eines der Mittel, dieses Ziel zu erreichen, ist eine am Leitbild der Nachhaltigkeit orientierte Wirtschaft. Die Ökonomie steht folglich im Dienst der Nachhaltigkeit und damit im Dienst des Menschen, der Gesellschaft und der Natur und nicht umgekehrt. In vielen Wirtschaftsunternehmen werden aber nachhaltige Ziele primär wirtschaftsstrategisch verfolgt. Es geht um Wettbewerbsvorteile. Nachhaltigkeit muss sich rechnen. Im Hinblick auf die wahren Ziele einer nachhaltigen Entwicklung ist der Einbezug nachhaltiger Zielvorgaben in die Unternehmenstrategie zu begrüßen. Aber was ist, wenn sich eines Tages herausstellt, dass sich Nachhaltigkeit nicht mehr rechnet? Dann wird sie wie jedes andere unwirtschaftliche und unrentable Produkt aus dem Portfolio des Unternehmens gestrichen. Dabei steht bei der Nachhaltigkeit viel mehr auf dem Spiel. Bei diesem „Spiel" geht es nämlich nicht um Konkurrenzvorteile, sondern um die Existenz der Menschheit.

Die Ökonomie hat, so viel ist deutlich geworden, einen enormen Einfluss auf eine globale nachhaltige Entwicklung. Ebenso wie alle anderen oben genannten Bereiche steht sie daher in der moralischen, sozialen und ökologischen Pflicht, ihre Hausarbeiten in puncto Nachhaltigkeit aufrichtig zu erfüllen. Sie hat ihre Hausarbeiten sogar in besonders gründlicher Weise zu leisten, da es vorrangig an ihr

3

liegt, ob die nachhaltige Entwicklung in Richtung einer gesunden Welt als Ganzes fortschreitet oder Rückschritte erleidet. Sie steht vor allem in der Pflicht, diejenigen ihrer Fehler zu korrigieren, die bislang zu den Problemen führten, die nun mittels nachhaltiger Entwicklung zu lösen sind. Nur mit einer aufrichtigen, ökonomisch-nachhaltigen Entwicklung kann die Leitidee der Nachhaltigkeit verwirklicht werden. Und nur dann ist sie als Säule der Nachhaltigkeit unentbehrlich.

Wenn die Ökonomie eine tragende Säule der Nachhaltigkeit ist, dann ist es auch die Technik. Denn ebenso wie die Ökonomie hat sie viele der aktuellen Klima- und Umweltprobleme mit verursacht. Und ebenso wie die Ökonomie kann auch sie einen gewichtigen Teil zur Lösung dieser Probleme beitragen.

> ❗ **Achtung**
> Die Technik und ihre zugehörigen Technik- und Ingenieurwissenschaften sind eine tragende Säule der Nachhaltigkeit.

Es ist noch nicht lange her, da gehörte es zum Selbstverständnis des Ingenieurs und der Ingenieurin technische Produkte und Systeme herzustellen, die zuverlässig, langlebig und reparaturfähig sind. Leider wurden die Ingenieurwissenschaften im Laufe der Jahre zunehmend zur Subdisziplin einer Ökonomie, die primär an der Maximierung des Gewinns orientiert ist. Und dieser steigt, je mehr Produkte in kürzester Zeit verkauft werden. Langlebige und reparaturfähige Produkte und Systeme stehen diesem Ziel entgegen. Die Konsequenz war ein Spannungsverhältnis zwischen den Zielen der Ingenieurwissenschaften einerseits und der Ökonomie andererseits, aus dem in vielen Fällen die Ökonomie als Sieger hervorging. Es wird Zeit, dass die Ingenieurwissenschaften wieder ihre Autonomie und Selbstbestimmung zurückerobern. Denn für die nachhaltige Gestaltung unserer Zukunft brauchen wir Ingenieurinnen und Ingenieure, die in Nachhaltigkeit geschult sind, vom Diktat einer nur gewinnmaximierenden Ökonomie frei sind und selbstbewusst nachhaltige technische Produkte herstellen, die resourcenschonend, energetisch sparsam, zuverlässig, langlebig und selbstverständlich reparaturfähig sind.

> **Merke!**
> Der Bereich der Technik ist keine Subdisziplin der Ökonomie, sondern eigenständig und autonom. Und ihre zugehörigen Technik- und Ingenieurwissenschaften sind ebenso frei wie alle anderen Wissenschaften.

Der Wirtschaft und den dazugehörigen Wissenschaften wird dies kein Schaden sein. Denn auch mit nachhaltigen Produkten und Systemen können Gewinne erzielt werden. Und in Zukunft wird der Markt ohnehin primär von nachhaltigen Produkten und Systemen bestimmt sein. Kurzlebige und nicht reparaturfähige Produkte und Systeme werden, weil kontranachhaltig, vom Markt verschwinden. Die Transformation der Wirtschaft zur Nachhaltigkeit ist bereits im vollem Gange. Und für diesen Transformationsprozess werden in Nachhaltigkeit geschulte Ökonomen und Ökonominnen ebenso dringend benötigt, wie in Nachhaltigkeit geschulte Ingenieurinnen und Ingenieure. Das Spannungsverhältnis zwischen den Zielen der Ökonomie und den Ingenieurwissenschaften wird sich auflösen. Beide werden wieder zu gleichberechtigten Partnern, die gemeinschaftlich das gleiche Ziele verfolgen, nämlich Produkte und Systeme herzustellen und zu vermarkten, die zurecht das Prädikat nachhaltig tragen. Das Markenzeichen *Made in Germany* wird dadurch wieder seinen alten Glanz erhalten.

3.3 Nachhaltigkeit – Mittel oder Zweck?

Aus den bisherigen Überlegungen und Ergebnissen kann das folgende Zwischenfazit gezogen werden: Ökologie, Ökonomie und Soziales (besser: Soziologie) sind drei Mittel zum Zweck der Nachhaltigkeit (◘ Abb. 3.2a). Die Nachhaltigkeit ist als Zweck aber zugleich selbst ein Mittel, was nicht übersehen werden darf. Sie ist das Mittel, die Bedingungen eines menschenwürdigen Lebens in einer gesunden Natur und einer intakten Sozialstruktur zu ermöglichen und zu bewahren und zwar für die heutigen als auch für die zukünftigen Generationen (◘ Abb. 3.2b).

Ökologie, Ökonomie und Soziales sind nicht die einzigen Säulen oder Mittel der Nachhaltigkeit. Ebenso sind alle anderen Bereiche aufgefordert, ihren Beitrag zur Nachhaltigkeit zu leisten, auch wenn diese in der ◘ Abb. 3.2a nicht explizit aufgeführt sind. Hierzu gehören insbesondere die Technik und die Wissenschaften.

In ◘ Abb. 3.2a sind die Ökologie, die Ökonomie und die Soziologie die Mittel und die Nachhaltigkeit der Zweck, während in ◘ Abb. 3.2b das Wohl der Natur, des Menschen und der Gesellschaft der Zweck und die Nachhaltigkeit das dazu adäquate Mittel ist. Natur, Mensch und Gesellschaft, die im Fokus des Ziels der Nachhaltigkeit stehen, sind im Dreisäulenmodell (◘ Abb. 3.2a) bedauerlicherweise nur implizit enthalten: die lebendige Natur als Untersuchungsgegenstand der Ökologie und die Gesellschaft oder Gemeinschaft als Untersuchungsgegenstand der Soziologie. Der Mensch als solcher wird in diesem Modell nur über das Soziale beachtet – als Mitmensch – und als Arbeitskraft und Konsument über die Ökonomie. In ◘ Abb. 3.2b wurde die Ökonomie nicht mehr aufgeführt. Der Grund dafür ist, dass zum Wohl des Menschen, das ein zentraler Zweck der Nachhaltigkeit ist, selbstverständlich ein adäquates nachhaltiges Wirtschaften gehört. Das leitende Ziel der Nachhaltigkeit, die Bedingungen eines menschenwürdigen Lebens zu ermöglichen und zu erhalten, impliziert folglich zugleich die Aufgabe, ein menschenwürdiges Wirtschaftssystem zu gestalten und zu bewahren. Im Zweck namens Mensch ist somit der Zweck eines menschenwürdigen Wirtschaftssystems be-

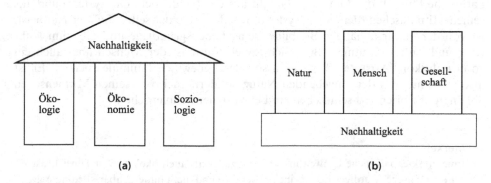

(a)   (b)

◘ **Abb. 3.2**   Nachhaltigkeit als (a) Zweck und als (b) Mittel (Franz, 2014, S. 136)

3

reits enthalten und muss daher nicht mehr explizit aufgeführt werden. Darüber hinaus gehört das Wirtschaften – zumindest im Sinne von Haushalten – zum Wesen des Menschen. Nachhaltige Entwicklungen, die diesem Wesen Rechnung tragen, werden somit notwendig eine nachhaltige Ökonomie in ihren Zielvorgaben haben.

Der in ◘ Abb. 3.2b dargestellte Block der Nachhaltigkeit symbolisiert somit alle Bereiche, in denen nachhaltige Entwicklungen zum Wohle der Natur, des Menschen und der Gesellschaft durchgeführt werden. Hierzu gehören die Ökonomie, die Technik, alle Einzelwissenschaften, die Dienstleistungsbereiche, die Architektur, der Städtebau, die Landwirtschaft, der Weinbau, aber auch die Kunst, die Kultur, die Religion und viele andere mehr. Denn alle Bereiche sind gleichermaßen aufgerufen an der Verwirklichung der zentralen Ziele der Nachhaltigkeit aufrichtig mitzuwirken.

Zusammenfassend ist somit festzuhalten, dass die Nachhaltigkeit und damit alle nachhaltigen Entwicklungen in den unterschiedlichen Bereichen nur Mittel für einen übergeordneten Zweck sind: Mensch, Gesellschaft und Natur. Die Nachhaltigkeit trägt folglich ihren Zweck nicht in sich selbst und ist auch kein Selbstzweck.

Definition

Nachhaltigkeit ist weder Ziel noch Zweck, sondern Mittel zur Gestaltung unserer Gegenwart und Zukunft, die allen Menschen bedingungslos ein menschenwürdiges Leben ermöglicht.

In ◘ Abb. 3.2b wurde daher die ◘ Abb. 3.2a vom Kopf auf die Füße gestellt, Zweck und Mittel getauscht. Im Folgenden wird ◘ Abb. 3.2b als Ausgangspunkt genommen, um darauf aufbauend ein neues umweltzentrisches oder humanistisches Modell der Nachhaltigkeit zu entwickeln. Hierzu ist allerdings zunächst noch eine Unterscheidung und Klärung in puncto des Begriffs der Umwelt zu treffen.

3.4 Das humanistische Modell

Das leitende Ziel der Nachhaltigkeit ist die globale Ermöglichung und Bewahrung eines menschenwürdigen Lebens in einer ebenso menschenwürdigen Umwelt. Der Begriff der Um-Welt bezeichnet diejenige Welt, die um den Menschen herum ist. Diese Umwelt gliedert sich in eine natürliche Umwelt und in eine künstliche. Die natürliche Umwelt des Menschen besteht aus der Natur (dem Ökosystem) und aus seinen Mitmenschen (dem Sozialsystem). Der Mensch, der selbst Teil der Natur ist, ist von der Natur abhängig. Sie bildet seine Lebensgrundlage und gibt ihm Nahrung und Luft zum atmen. Bezüglich seiner Natur ist der Mensch aber auch ein zoon politikón (Aristoteles), also ein soziales Lebewesen (animale sociale). Er ist also nicht nur von der umgebenden Natur, sondern auch von seinen Mitmenschen abhängig. Er orientiert sein Leben am Leben seiner Mitmenschen.

Merke!

Eine intakte, natürliche Umwelt in sowohl sozialer als auch ökologischer Hinsicht ist für ein menschenwürdiges Leben eine notwendige und nicht hintergehbare Bedingung.

Die artifizielle, künstliche oder kultürliche Umwelt ist ein Werk oder Schöpfungs-produkt des Menschen. Zu ihr gehören beispielsweise die Technik, die Wirtschaft sowie alle Wissenschaften. Bereits im 15. Jahrhundert begründete der Philosoph und Theologe Cusanus, dass die Freiheit ein Wesensmerkmal des Menschen ist. Und zu dieser Freiheit gehört, wie Cusanus gleichfalls begründete, dass der Mensch kreativ und schöpferisch tätig werden und sowohl geistige Produkte als auch materielle Artefakte schaffen kann (Franz 2017). Der Mensch besitzt folglich das natürliche Vermögen Neues zu schaffen. Diese menschliche Schöpfungskunst – ars humana – gehört zum Wesen des Menschen und damit zum Menschsein. Der Mensch ist von Natur aus ein Erfinder. Zu seinen geistigen oder immateriellen Schöpfungs-produkten zählen beispielsweise alle Wissenschaften und alle ihre Theorien, Erkenntnisse, Begriffe und Ansichten. Zu den materiellen Artefakten menschlicher Schöpfungskunst gehören u. a. alle Produkte der Technik, angefangen von den kleinen und einfachen technischen Hilfsmitteln des Alltags, wie der Löffel, die Gabel, der Eierkocher und der Toaster, bis hin zu komplexen technischen Systemen wie Smartphones, Roboter, Kraftwerke und Trägerraketen. Mit diesen künstlichen Produkten bereichert der Mensch seine natürliche Umwelt. Aber dies ist nur die halbe Wahrheit. Denn Fakt ist, dass diese Schöpfungsprodukte des Menschen seine natürliche Umwelt nicht ausnahmslos bereichern oder erweitern. Vielmehr haben sie auch das Potential, sie zu begrenzen, einzuengen und zu schädigen. Sie haben sogar das Vermögen, der natürlichen Umwelt derart zu schaden, dass die natürlichen Lebensbedingungen des Menschen gefährdet werden. Selbst die vollständige Auslöschung der natürlichen Umwelt und damit der Gattung Mensch ist technisch möglich. Natürliche und artifizielle Umwelt stehen also in einem Wechselverhältnis zueinander, das sich zunehmend als ein gefährliches Spannungsverhältnis artikuliert. Dies hat Konsequenzen für die nachhaltige Entwicklung, die sich aus dieser Blickrichtung des Spannungsverhältnisses von natürlicher und künstlicher Umwelt völlig anders offenbart, als bisher dargestellt. Denn zu ihren Aufgaben kommt eine neue dazu, nämlich das Ausufern der artifiziellen Umwelt derart zu steuern, dass sie die natürliche Umwelt als notwendige Bedingung eines menschenwürdigen Lebens nicht gefährdet, sondern vielmehr schützt, fördert und bewahrt.

> **Merke!**
> Das menschliche Leben ist an das Überleben der natürlichen Umwelt gebunden und das Überleben der natürlichen Umwelt an die Kontrolle der Entwicklung der artifiziellen Umwelt durch den Menschen.

Dieses Ergebnis impliziert das gegenüber den konventionellen Nachhaltigkeitsmo-dellen andersartige Modell, das im Folgenden als humanistisches Modell der Nachhaltigkeit bezeichnet wird, aber auch als Umweltmodell der Nachhaltigkeit oder umweltzentrisches Modell der Nachhaltigkeit tituliert werden kann. Das humanistische Modell versteht sich nicht als Konkurrenz zu den anderen derzeit bekannten Modellen, sondern als eines, das den Sinn, die Bedeutung, das Ziel und die Idee der Nachhaltigkeit in den Vordergrund rückt. Es geht damit über die anderen Modelle hinaus, welche die Nachhaltigkeit selbst als Ziel ausweisen und nicht als Mit-

3

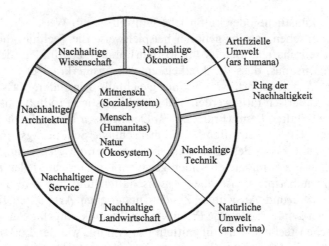

■ **Abb. 3.3** Das humanistische oder umweltzentrische Modell der Nachhaltigkeit mit einigen exemplarisch aufgeführten Nachhaltigkeitsbereichen. (Franz 2014, S. 141)

tel eines übergeordneten, höheren Ziels, nämlich die Schaffung und Erhaltung einer Welt, die heutigen und zukünftigen Generationen ein menschenwürdiges Leben in einer gesunden Natur und einer intakten Sozialstruktur ermöglicht.

Im humanistischen Modell der ■ Abb. 3.3 stehen Mensch, Gemeinschaft und Natur gleichrangig im Mittelpunkt. Die Nachhaltigkeit wird in diesem Modell als Ring vorgestellt. Dieser Nachhaltigkeitsring bewahrt die natürliche Umwelt bestehend aus Mensch, Mitmensch und Natur vor einer Überwucherung durch die künstliche Umwelt. Das humanistische Modell ist daher weder anthropozentrisch noch biozentrisch. Es räumt also weder dem Menschen noch der Natur den Vorrang ein.

Die Bezeichnung des Modells als humanistisch trägt vielmehr der Tatsache Rechnung, dass der Mensch zugleich Individuum, soziales Wesen und, da er selbst Teil der Natur ist und nicht außerhalb ihr steht, ein natürliches Wesen ist. Nachhaltigkeit, die das Wohl des Menschen zum Ziel hat, muss folglich gleichrangig auch das Wohl der Natur und der Gesellschaft zum Ziel haben. Mensch, Gesellschaft und Natur bilden eine gemeinsam zu schützende Trias.

Weil die Natur zusammen mit den Mitmenschen die jeden einzelnen Menschen umgebende Welt – Umwelt – bilden, kann das Modell auch als umweltzentrisches Modell bezeichnet werden. Da allerdings der Begriff der Umwelt sich in den vergangenen Jahren inhaltlich von dieser sozial- und naturbezogenen Umwelt des Menschen als Ganzes entfernt hat und auf den Begriff der Natur, des Natur- oder Umweltschutzes verkürzt wurde, ist der Begriff des humanistischen Modells besser geeignet. Nachhaltigkeit, die der Humanität und damit der Menschenwürde, den Menschenrechten, der Gerechtigkeit, der Gleichheit und der Freiheit verpflichtet ist, hat damit zugleich das Ziel zu verfolgen, die natürliche Umwelt zu schützen, wozu gleichrangig der Schutz und die Bewahrung des Sozialen und der Natur gehören.

Was die Natur betrifft, so gehören zu den dringlichsten Aufgaben des 21. Jahrhunderts u. a. der Klimaschutz, die deutliche Verringerung oder gar Vermeidung der Schadstoffemissionen, der Schutz der Gewässer und damit vor allem des Trinkwassers, der Stopp der Verluste an Biodiversität und die Einstellung des Raubbaus an nicht regenerierbaren Ressourcen in Anbetracht ihrer Endlichkeit. Zu den vorrangigen sozialen Aufgaben gehören die gerechte Verteilung der Ressourcen und der Energie, die gleichfalls gerechte Verteilung der Umweltlasten, die Herstellung von Chancengleichheit bezüglich Wohlstand, Lebensqualität, Bildung und Arbeit, die globale Verbesserung der medizinischen Versorgung, die Bekämpfung von Hunger, Armut und hoher Kindersterblichkeit, die lokale und globale Sicherstellung des sozialen Friedens, die Schaffung menschenwürdiger Arbeitsbedingungen, die Beendigung von Kinderarbeit, der Schutz persönlicher Daten und viele andere mehr.

Der Ring der Nachhaltigkeit schützt die natürliche Umwelt und damit die Trias von Mensch, Gesellschaft und Natur vor der künstlichen Umwelt, die ein Schöpfungsprodukt des Menschen ist. Dies darf nicht dahin gehend gedeutet werden, dass die künstliche Umwelt der Feind des Menschen ist. Im Gegenteil: Natürliche und künstliche Umwelt gehören gleichermaßen zum Dasein des Menschen. Denn zum Menschsein gehört seine natürliche Freiheit, kreativ und schöpferisch tätig zu werden. Und aus diesen Tätigkeiten entspringen neue technische Produkte ebenso wie ökonomische Strukturen sowie alle Wissenschaften. Aus ihnen stammen alle stofflichen und geistigen Schöpfungsprodukte des Menschen. Die künstliche Umwelt umfasst somit alle ureigenen, menschlichen Kulturleistungen.

Natürliche und künstliche Umwelt bilden daher eine Einheit, die das Ganze der Umwelt des Menschen ausmacht. Daher sind natürliche und künstliche Umwelt gleichermaßen zu schützen und zu bewahren. Denn beide sind für das Leben des Menschen als Mensch in gleicher Weise unentbehrlich. Natur und Kultur sind für sein Leben essentiell. Beide gehören zur conditio humana. Der Ring der Nachhaltigkeit hat folglich eine doppelte Funktion. Er bewahrt einerseits die natürliche Umwelt vor einer Überwucherung durch die künstliche Umwelt, beispielsweise verursacht durch eine unkontrollierte Technik oder Ökonomie. Andererseits schützt dieser Ring aber auch die künstliche oder kultürliche Umwelt, beispielsweise vor einem Biozentrismus, der die Natur über alles stellt, also auch über den Menschen und seine Kultur (vgl. Röttgers et al. 2012, S. 40 ff.). Nachhaltigkeit schützt den Menschen, das Soziale, die Natur *und* die Kultur (a.a.O., S. 47). Die globalen Probleme des 21. Jahrhunderts zeigen allerdings deutlich, dass gegenwärtig die erstgenannte Schutzfunktion des Nachhaltigkeitsrings von weitaus größerer Dringlichkeit ist, als die zweitgenannte. Natürliche und künstliche Umwelt sind Partner, die aber stets an ihr partnerschaftliches Verhalten zu erinnern sind. Partnerschaftlich bedeutet gleichberechtigt. Keine von beiden dominiert über den anderen. Dies zu gewährleisten ist eine Aufgabe der Nachhaltigkeit.

Ebenso wie natürliche und künstliche Umwelt Partner sind, so sind auch die unterschiedlichen Bereiche der künstlichen Umwelt gleichwertige Partner. In ◨ Abb. 3.3 sind dies stellvertretend die Bereiche der Ökonomie, der Technik, der vielfältigen Einzelwissenschaften, der Architektur, der Dienstleistungen (Services) und der Landwirtschaft. Es gibt noch viele weitere Bereiche, die aber in dieser Abbildung nicht aufgeführt wurden, um sie nicht zu überfrachten. Damit diese künstlichen Bereiche sich nicht gegenseitig überwuchern, sind auch sie durch einen Zaun der Nachhaltigkeit getrennt. Es ist ein partiell durchlässiger Zaun, der die interdisziplinäre, partnerschaftliche Zusammenarbeit ermöglicht, jedoch die völlige Unterordnung eines Bereiches durch einen anderen unterbindet. So sind beispielsweise die Wissenschaften vor einem zu großen wirtschaftlichen und technischen Einfluss nachhaltig zu schützen und damit vor einer Instrumentalisierung nachhaltig zu bewahren. Denn wenn das Schaffen von Wissen nur noch nach Maßgabe

3

der wirtschaftlichen und technischen Verwertbarkeit des Wissens beurteilt, bewertet und gefördert wird, sind Wissenschaft, Technik und Ökonomie nicht mehr länger gleichwertige Partner. Da nicht alle Bereiche der ars humana und somit der künstlichen Umwelt gleichermaßen für die nachhaltige Bewahrung der natürlichen Umwelt relevant sind, wurden in ◘ Abb. 3.3 diese Bereiche unterschiedlich groß dargestellt. So sind der Bereich der Technik und derjenige der Ökonomie größer dargestellt, als die anderen Bereiche.

Das humanistische Modell der Nachhaltigkeit, in dem Mensch, Mitmensch und Natur gleichrangig in der durch den Ring der Nachhaltigkeit zu schützenden Mitte stehen, erhebt den Anspruch, die Bedeutung der Nachhaltigkeit als Mittel besonders deutlich hervorzuheben. Es zeigt zudem, dass Nachhaltigkeit nicht auf Natur- und Klimaschutz verkürzt werden darf, was gegenwärtig noch häufig geschieht. Im Fokus der Nachhaltigkeit steht die Umwelt des Menschen als Ganzes und damit letztendlich die Welt als Ganzes. Dies im Blick zu haben und nicht aus den Augen zu verlieren, ist auch für die nachhaltige Entwicklung technischer Produkte und Systeme durch unsere Ingenieurinnen und Ingenieuren von entscheidender Bedeutung.

3.5 Fazit

Mit nachhaltigen Entwicklungen wird die humane und damit zugleich moralische, soziale und ökologische Verpflichtung übernommen, eine Welt zu schaffen und zu erhalten, die allen Menschen bedingungslos und dauerhaft ein menschenwürdiges Leben in einer sozial und ökologisch intakten Umwelt ermöglicht. In diesem Kapitel wurde ein Modell vorgestellt, das dieses Leitziel der Nachhaltigkeit in den Vordergrund stellt. Im Gegensatz zu den vielen anderen Modellen der Nachhaltigkeit wurde in diesem neuen Modell die Nachhaltigkeit deutlich als Mittel und nicht als Zweck ausgewiesen. Der Zweck ist das Wohl des Menschen, der Gesellschaft und der Natur und das dazu adäquate Mittel ist die Nachhaltigkeit.

Es wurde gezeigt, dass die vollständige Umwelt des Menschen aus einer natürlichen und künstlichen Umwelt besteht. Die natürliche Umwelt wird durch die Trias Mensch, Mitmensch (Sozialsystem) und Natur (Ökosystem) gebildet. Sie entspringt aus theologischer Sicht der göttlichen Schöpfungskunst – der ars divina. Die künstliche Umwelt ist Produkt der natürlichen Schöpfungskraft des Menschen und damit ein Produkt seiner Kreativität und Freiheit. Sie entspringt folglich der menschlichen Schöpfungskunst – der ars humana. Diese durch den Menschen allererst geschaffene künstliche Umwelt ist ambivalent. Denn einerseits bereichert und erweitert sie die natürliche Umwelt des Menschen, andererseits hat sie das Potential, diese zu gefährden und schwerwiegend zu schädigen. Die Aufgabe der Nachhaltigkeit ist es daher, die natürliche Umwelt vor einer Überwucherung durch die künstliche zu schützen. Sie schützt bei Bedarf aber auch die künstliche vor der natürlichen. Nachhaltigkeit erweist sich somit als ein Schutzring zwischen diesen beiden Teilumwelten des Menschen. Natürliche und künstliche Umwelt gehören beide gleichermaßen zum Selbstverständnis des Menschen. Sie bilden eine Einheit. In diesem Sinne besteht die Aufgabe der Nachhaltigkeit darin, diese Einheit als Einheit zu bewahren. Sie ist das dazu adäquate Mittel. Die sozialen und ökologischen Probleme des 21. Jahrhunderts zeigen allerdings eine deutliche Bedrohung der natürlichen Umwelt durch die künstliche. Der Schutzring der Nachhaltigkeit ist daher heute vor allem als ein Schutz der natürlichen vor der künstlichen Umwelt zu konzipieren.

Das in diesem Kapitel entwickelte neue Modell der Nachhaltigkeit wurde als humanistisches Modell bezeichnet. Weil zu einem menschenwürdigen Leben sowohl ein intaktes Sozialsystem als auch ein gesundes Ökosystem gehören, schließt das humanistische Modell den Schutz dieser beiden Systeme gleichrangig ein. Es darf daher nicht derart missverstanden werden, dass es den Menschen über die Natur stellt. Mensch, Mitmensch und Natur stehen in diesem Modell vielmehr gleichrangig im zu schützenden Zentrum.

Der Bereich der Technik- und Ingenieurwissenschaften ist kein Teilbereich der Ökonomie und folglich auch nicht der Ökonomie untergeordnet. Obgleich er ebenso wie die Ökonomie viele der gegenwärtigen, ökologischen Probleme mit verursacht hat, kann er, wiederum wie die Ökonomie, doch maßgeblich zu einer Lösung dieser Probleme beitragen. Er bildet damit, sofern man das Dreisäulenmodell favorisiert, eine gleichrangige Säule neben dem Sozialen, der Ökologie und der Ökonomie. Die Technik ist eine tragende Säule der Nachhaltigkeit. Ingenieurinnen und Ingenieuren wird damit eine Mitverantwortung bei der nachhaltigen Gestaltung unser Zukunft gegeben. Diese Verantwortung ist jedoch nicht als Last zu begreifen, sondern als Herausforderung, an der Gestaltung unser Zukunft mit eigenen Ideen engagiert mitwirken zu dürfen.

Favorisiert man das humanistische oder umweltzentrische Modell der Nachhaltigkeit, so sind Technik- und Ingenieurwissenschaften Teil der künstlichen Umwelt, welche die natürliche Umwelt des Menschen zu bereichern vermag, sofern sie sich uneingeschränkt dem Ziel nachhaltiger Entwicklung verpflichten.

Merke!
Unter der Bedingung, dass Technik den Grundsätzen nachhaltiger Entwicklung folgt, ist sie eine Bereicherung des menschlichen Lebens. Erfüllt sie diese Bedingung nicht, verarmt und schädigt sie es.

Der Bedarf an Ingenieurinnen und Ingenieuren, die in Nachhaltigkeit geschult sind, wird somit auch in diesem Kapitel erneut deutlich.

Literatur

Brundtland GH et al. (1987). Report of the world commission on environment and development: Our common future (Brundtland Report). Z. B. United Nations, Digital Library, ► https://digitallibrary.un.org/record/139811. Zugegriffen: 11. Sept. 2021
Bulmahn E, Carstensen K (2013) Wohlstand ist keine Zahl. DIE ZEIT, No. 10, 28. Februar
Deutscher Bundestag (2013) Schlussbericht der Enquete-Kommission „Wachstum, Wohlstand, Lebensqualität – Wege zu nachhaltigem Wirtschaften und gesellschaftlichem Fortschritt in der Sozialen Marktwirtschaft". Bonn, bpb, Schriftenreihe Bd. 1419
Dornbusch R, Fischer S, Startz R (2003) Makroökonomik, 8. Aufl. Oldenbourg, München
Franz JH (2014) Nachhaltigkeit, Menschlichkeit, Scheinheiligkeit. oekom, München

3

Franz JH (2017) Nikolaus von Kues – Philosophie der Technik und Nachhaltigkeit. Frank & Timme Verlag für wissenschaftliche Literatur, Berlin

Grefe C, Sentker A (2013) Wir lernen sehr langsam. Lassen sich Wirtschaftswachstum und Umweltschutz miteinander vereinbaren? Ein Gespräch mit Ernst Ulrich von Weizsäcker und Michael Otto. DIE ZEIT, No. 37, 5. September

Grober U (2010) Die Entdeckung der Nachhaltigkeit. Kulturgeschichte eines Begriffs. Kunstmann, München

Grunwald A, Kopfmüller J (2012) Nachhaltigkeit. 2. aktualisierte Aufl. Campus, Frankfurt

Jackson T (2013) Wohlstand ohne Wachstum. Leben und Wirtschaften in einer endlichen Welt (übers. durch Eva Leipprand). München, oekom. 2012 hrsg. als Lizenzausgabe für die Bundeszentrale für politische Bildung, Bonn

Meadows D et al (1972) Die Grenzen des Wachstums. Stuttgart, Deutsche Verlagsanstalt, Bericht des Club of Rome zur Lage der Menschheit

Pufé I (2012) Nachhaltigkeit. UVK/Lucius, Konstanz

Röttgers K et al (2012) Ökonomie, Ökologie. FernUniversität in Hagen, Ethik, Hagen

Von Carlowitz HC (1713) Sylvicultura oeconomica oder Haußwirthliche Nachricht und Naturmäßige Anweisung zur Wilden Baum-Zucht. Unter dem gleichen Titel hrsg. durch Hamberger, Joachim (Hrsg.) (2013). oekom, München

Technik und Nachhaltigkeit

Inhaltsverzeichnis

4

Technik ist wesentlich eine Form von Handlung (jhf).

Technik gibt es seit es Menschen gibt (▶ Abschn. 4.1) und dennoch ist die Frage, was Technik eigentlich ist, was ihr Wesen bestimmt, auf Anhieb gar nicht so leicht zu beantworten (▶ Abschn. 4.2). Die Entwicklung technischer Produkte und Systeme orientiert sich gemäß dem derzeitigen Selbstverständnis von Ingenieuren, Ingenieurinnen, Technikerinnen und Technikern primär an den technischen Qualitätsmerkmalen der Funktionalität, der Zuverlässigkeit und der Sicherheit. Technische Systeme sind demnach so zu gestalten, dass sie zuverlässig funktionieren und das Sicherheitsrisiko für den Nutzer so gering wie möglich ist. Eine Entwicklung technischer Produkte und Systeme, die sich als nachhaltig versteht, weist darüber hinaus zusätzliche Prädikate, Qualitäten und Werte auf. Sie ist ganzheitlich (▶ Abschn. 4.3), ökologisch (▶ Abschn. 4.4), human, moralisch, sozial (▶ Abschn. 4.5), bewertend (▶ Abschn. 4.6), kritisch, selbstkritisch, aufklärerisch und transparent (▶ Abschn. 4.7). In diesem Kapitel werden diese untereinander eng verknüpften Faktoren einer nachhaltigen Technikentwicklung im Einzelnen vorgestellt und begründet. Dabei wird das Ziel verfolgt, die Herausforderungen offenzulegen, die mit diesen Faktoren einer nachhaltigen Entwicklung technischer Systeme und Produkte verknüpft sind. Eine darüber hinausgehende explizite Detaildarstellung der Umsetzung dieser Faktoren, beispielsweise in Form konkreter technischer Anleitungen, ist dagegen nicht das Ziel dieses Kapitels. Ein solche konkrete Anleitung kann aufgrund der Vielfalt und Unterschiedlichkeit technischer Produkte und Systeme nur von Fall zu Fall entwickelt werden. Dieses Kapitel gibt die hierzu notwendige allgemeine Fundierung und fasst die Ergebnisse zusammen (▶ Abschn. 4.8).

4.1 Einführung

Technik ist so alt wie die Menschheit. Immer schon war der Mensch bestrebt, sein Dasein durch Werkzeuge zu erleichtern. Die Verbindung zwischen Technik und Mensch ist so eng, dass Technik sich als eine conditio humana erweist, oder wie Peter Fischer formuliert: »Das Wesen des Menschen ist es Techniker zu sein« (Fischer 1996, S. 10).

> **❶ Achtung**
> Mensch und Technik stehen seit Anbeginn in einer engen Wechselbeziehung. Seitdem haben Menschen die Technik und die Technik das Leben und die Umwelt des Menschen beständig verändert.

Indem der Mensch die Kunst beherrscht, materielle und immaterielle Artefakte oder Produkte zu schaffen wirkt er als Schöpfer. Er bringt Neues hervor: neue Alltagsprodukte ebenso wie neue wissenschaftliche Theorien. Kreativität, Einfallsreichtum und schöpferische Phantasie sind natürliche Anlagen des Menschen. Sie gehören zu seinem Wesen, zu seiner Natur. Der Mensch kann daher gar nicht anders, als Ideen zu entwickeln, diese zu bedenken und ggf. zu realisieren. Er besitzt die natürliche Gabe der Schöpfungskraft und Erfindungsgabe. Er ist damit notwendig Künstler, Schöpfer und Erfinder. Und damit gehört zu seinem Wesen, ausgehend von Ideen und daran anschließenden Überlegungen und Entscheidungen, Produkte zu realisieren. Hieraus folgt aber nicht, dass die Entwicklung von Produkten ein unkontrollierbarer Prozess ist. Dies ist nicht der Fall. Denn so wie die Winzerin die Reben ihrer Weinstöcke jedes Jahr zurückschneidet, um auch im Folgejahr qualitativ hochwertige Trauben zu ernten (sofern das Wetter mitspielt), so kann auch die Qualität von Artefakten durch den Menschen beeinflusst werden. Und zu dieser Qualität gehört, dass bei allen Entwicklungen von Produkten dem Moralischen, Humanen, Sozialen und Ökologischen zumindest gleichermaßen Beachtung geschenkt wird (bzw. werden sollte), wie der Funktionalität und dem Ökonomischen. Der Mensch ist dazu in der Lage. Denn moralische Regeln und ökologische Maximen des schützenden und bewahrenden Umgangs mit der Natur entspringen als geistige Artefakte ebenso der natürlichen menschlichen Schöpfungskraft, wie technische Artefakte. Der Mensch ist Erfinder der Waffen und der Moral, der Technikwissenschaften und der Ethik (Franz 2017, S. 18 ff.).

Heute ist der Mensch in eine durch Technik geprägte und veränderte Welt eingebunden. Zwischen einer technischen Idee und den daraus resultierenden kommerziellen, technischen Produkten vergehen heute häufig nur noch wenige Monate. Das Verhältnis von Technik und Mensch hat sich spätestens mit Beginn der Industrialisierung stark verändert. Denn der technische Fortschritt ist seitdem zunehmend begleitet von einem bis dahin unbekannten Maß an Nebenfolgen, die heute gleichfalls im Zentrum der Bemühungen um nachhaltige Entwicklung stehen. Umweltverschmutzung, Klimawandel, Ozonloch, Artenschwund, ansteigende Meeresspiegel, schmelzende Gletscher, zunehmende Unwetterereignisse und zahlreiche zum Teil katastrophale technische Unglücksfälle – wie die beiden Reaktorunglücke in Tschernobyl und Fukushima – gehören zu den heute bekannten, unerfreulichen Begleiterscheinungen technischer Entwicklungen. Krankheiten durch industrielle Nahrungsmittelherstellung, staatlich verordnete Massenschlachtungen von kranken Tieren, die mit dem Tiermehl ihrer Artgenossen gefüttert wurden, und die Furcht vor den unvorstellbaren Möglichkeiten der Gen- und Biotechnik, wie das Klonen von Tier und Mensch bis hin zur genetischen Neukonstruktion des Menschen, sind Problemfelder neuerer Zeit. Hierzu gehören auch die erst ansatzweise bekannten Folgen der massiven Ausweitung der Informations-, Kommunikations- und Medientechnik (Franz 2014, S. 149). Von besonderer Tragweite sind dabei insbesondere diejenigen technischen Entwicklungen, deren unerwünschten und nicht intendierten Folgen, den Handlungsspielraum künftiger Generationen und damit ihre Möglichkeiten der eigenen Lebensgestaltung essentiell präjudizieren. Technische Entwicklungen stehen daher per se in einer engen Verbindung zur Leitidee nachhaltiger Entwicklungen, nämlich der Idee, gegenwärtigen und zukünftigen Generationen gleichermaßen die Befriedigung ihrer Bedürfnisse und ein menschwürdiges Leben zu gewährleisten.

Die enge Verbindung von Technik und Nachhaltigkeit kommt einer Partnerschaft gleich. Doch von welcher Qualität ist diese Partnerschaft? Fördert Technik die Idee der Nachhaltigkeit oder steht sie ihrer Verwirklichung entgegen? Die Antwort lautet: sowohl als auch. Denn Technik spielt in der Nachhaltigkeit eine auffällig ambivalente Rolle. Denn einerseits vermag sie einen wesentlichen Beitrag zur Lösung der vielfältigen Probleme des 21. Jahrhunderts, die im Zentrum nachhaltiger Entwicklungen stehen, zu leisten. Hierzu gehören beispielsweise Lösungen, die der zunehmenden Ressourcenknappheit, dem sich ausweitenden Klimawandel und

4

der Verschmutzung der Gewässer Rechnung tragen. Andererseits haben die rasanten und lange Zeit unreflektierten technologischen Entwicklungen der Vergangenheit allererst dazu beigetragen, dass diese und viele weitere Probleme heute überhaupt präsent sind. Vor allem die massiven ökologischen Probleme gehen überwiegend auf ihre Kosten. Aus diesem Grund stehen die im Bereich der Technik tätigen Ingenieurinnen und Techniker im besonderen Maße in der Pflicht, an nachhaltigen Lösungen dieser gravierenden Probleme mitzuwirken. Doch dies allein ist nicht ausreichend. Denn eine nachhaltige Technikentwicklung erfordert mehr, als die nachgängige Lösung selbst verursachter Probleme oder die Korrektur selbst begangener Fehler.

> **Merke!**
> Nachhaltigkeit erfordert ein grundsätzliches Umdenken bei der Entwicklung technischer Produkte und Systeme – und zwar dahin gehend, dass die Leitidee der Nachhaltigkeit ein fester und unabtrennbarer Bestandteil einer jeden technischen Entwicklung wird.

Die Technik ähnelt hier, wie bereits im vorigen Kapitel gezeigt, in besonders auffälliger Weise der Ökonomie. Denn auch die Ökonomie steht einerseits gleichermaßen in der Pflicht, vor allem diejenigen gegenwärtigen Probleme nachhaltig zu lösen, die sie mit verursacht und daher mit zu verantworten hat. Hierzu gehören beispielsweise lokale und globale Verteilungsungerechtigkeiten, soziale Ungleichheiten und menschenunwürdige Arbeitsbedingungen bis hin zur Kinderarbeit. Sie ist daher ebenso wie die Technik zu einem elementaren Umdenken aufgefordert, sprich: die Idee der Nachhaltigkeit bei allen ökonomischen Entwicklungen bedingungslos umzusetzen.

Im Bereich der Technik gründet das zur Umsetzung der Ziele der Nachhaltigkeit notwendige Umdenken primär in der Erkenntnis, dass technische Entwicklungen nicht allein eine technische und ökonomische Dimension haben, sondern gleichermaßen eine moralische, humane, soziale, politische, ökologische und kulturelle. Daher ist es auch ein Irrtum zu glauben, dass alle Probleme, die durch Technik verursacht wurden, allein durch Technik gelöst werden können. Dies ist schon allein deswegen ein Irrtum, weil mit jeder neuen technischen Entwicklung zugleich neue Probleme impliziert werden und so die Strategie, technische Probleme allein mittels Technik zu lösen, in einen regressus in infinitum mündet. Technische Probleme sind selten rein technischer Natur, sondern zumeist auch ökologischer, sozialer und politischer Natur. Ihre Lösung erfordert daher eine erweiterte Sichtweise, die über den auf Technik begrenzten Blick hinausreicht. Und sie erfordert Ingenieurinnen und Ingenieure die mit Freunde und Neugierde über ihren eigenen fachlichen Bereich hinausschauen (Aphin e. V. 2013).

Der Erfolg oder Misserfolg der Umsetzung der Ziele der Nachhaltigkeit im Bereich der Technik hängt entscheidend davon ab, ob die damit verknüpfte Herausforderung als Last und zusätzliche Arbeit oder als Chance und Bereicherung verstanden wird. Zweifelsfrei werden technische Entwicklungen durch den konsequenten Einbezug nachhaltiger Entwicklung anspruchsvoller. Aber dies ist gerade keine Last, sondern vielmehr eine besondere Herausforderung an die schöpferische Kreativität und den Ideenreichtum berufstätiger und angehender Ingenieure und

Technikerinnen. Es ist eine Herausforderung, die den Beruf der Ingenieurin und des Technikers zweifelsfrei noch vielseitiger, reizvoller und spannender macht, als er ohnehin schon ist. Es versteht sich daher von selbst, dass die Vermittlung der Bedeutung und Ziele der Nachhaltigkeit in den Pflichtbereich der Ausbildung und des Studiums gehört.

Um das Potential der Technik bezüglich der Nachhaltigkeit zu entfalten und die damit verknüpften Herausforderungen offenzulegen, wird im folgenden Abschnitt der Fokus zunächst auf den Begriff der Technik selbst gerichtet und die Frage gestellt, was Technik ist.

4.2 Was ist Technik?

Die Frage nach der Technik ist eine primär philosophische oder technikphilosophische, welche über den Bereich der Technik hinausweist (Franz 2014, S. 152 ff.). Es ist eine Frage nach dem Wesen und zugleich nach der Bedeutung von Technik. Obgleich die Frage prima facie einfach erscheint, erweist sie sich doch als komplex. Dementsprechend vielfältig sind ihre Antworten. Es sei an dieser Stelle an die wohl berühmteste Auseinandersetzung mit dieser Frage durch Martin Heidegger erinnert, der seiner 1953 publizierten Auseinandersetzung den Titel *Die Frage nach der Technik* gab (Heidegger 1953). Den Begriff der Technikphilosophie selbst gibt es bereits seit 1877. Er wurde durch Ernst Kapp in seinem Werk *Grundlagen einer Philosophie der Technik* erstmals verwendet (Kapp 1877).

Ziel dieses Abschnitts ist es nicht, die technikphilosophische Debatte um das Wesen und die Bedeutung der Technik sowie die unterschiedlichen Positionen und Antworten bezüglich der Frage nach der Technik zu erörtern, sondern der Versuch, eine konsensuale Antwort zu ermitteln, die zugleich für die Thematik der Nachhaltigkeit von Bedeutung ist als auch für den Bereich der Ingenieurwissenschaften.

Die Frage nach der Technik wird häufig durch die Nennung der vielfältigen technischen Produkte, Geräte, Systeme und Artefakte beantwortet, die den privaten, öffentlichen und beruflichen Lebensalltag sichtbar und unsichtbar begleiten. Diese Antwort, in der Technik als Ding oder Sache vorgestellt wird, ist unvollständig und erfasst nicht das Wesen der Technik. Denn Technik ist wesentlich eine Form von Handlung oder genauer: »gerätegestütztes Handeln« (Gethmann und Gethmann-Siefert 2000, S. 12). Technikerinnen und Ingenieure planen, konzipieren, entwerfen, entwickeln und konstruieren. Sie löten, schweißen, schrauben, programmieren und messen. Sie stellen Geräte her, bauen Maschinen und fertigen Bauteile. Ohne diese Vielfalt an Tätigkeiten oder Handlungen gäbe es keine technischen Artefakte (Franz 2017, S. 18 ff.). Der Inbegriff der Technik ist folglich die technische Handlung. In gleicher Weise werden technische Geräte, Produkte, Systeme und Artefakte, die Ingenieurinnen und Techniker entwickeln und herstellen, vom Anwender genutzt, verwendet, gebraucht oder in Betrieb genommen. Auch dies sind durchweg Tätigkeiten und Handlungen. Technische Geräte, die ungebraucht im Schrank liegen und nicht in irgendeiner Weise verwendet werden, sind nutzlos und ohne Bedeutung. Sie haben bestenfalls einen Sammlerwert, der aber nicht der primäre Nutzen eines technischen Produktes ist, aufgrund dessen es hergestellt wurde. Dieser entsteht erst durch die Inbetriebnahme und die Verwendung des Gerätes durch den Besitzer oder die Anwenderin. Hieraus wird deutlich, dass die

4

Verdinglichung der Technik zu kurz greift und das Wesen der Technik als Handlung nicht erfasst. Technik ist eine Weise von Handlung. In ähnlicher Art beschreibt der Verband Deutscher Ingenieure (VDI) den Begriff der Technik und zwar in seiner 1991 publizierten Richtlinie *Technikbewertung – Begriffe und Grundlagen*. Diese Richtlinie hebt sowohl den dinglichen Charakter als auch den Handlungscharakter der Technik hervor (VDI 1991):

» »Die Technik umfasst:

- die Menge der nutzorientierten, künstlichen, gegenständlichen Gebilde (Artefakte oder Sachsysteme);
- die Menge menschlicher Handlungen und Einrichtungen, in denen Sachsysteme entstehen;
- die Menge menschlicher Handlungen, in denen Sachsysteme verwendet werden.«

Die Konsequenz daraus ist: Wenn Technik eine Handlungsweise ist, dann gibt es keinen Grund, technische Handlungen nicht ebenso moralischen Regeln und Normen zu unterstellen, wie jede Alltagshandlung auch. Und sie sind ebenso wie jede andere Handlung zu verantworten. Technische Sachsysteme und Artefakte sind moralisch neutral, technische Handlungen nicht. Der Bereich der Technik ist folglich weder wertneutral noch wertfrei (Franz 2007, S. 93 ff.). Technik wird damit zum Gegenstand der Ethik im Allgemeinen und der Technikethik im Besonderen. Technik und Technikethik gehören zusammen. Das Herstellen von Geräten folgt keinem Automatismus oder gar Determinismus in dem Sinne, dass dabei lediglich naturwissenschaftliche Ergebnisse angewandt und in technische Produkte überführt werden. Die Entwicklung und Herstellung technischer Geräte und Systeme erfordert vielfältige Entscheidungen, die zu begründen, zu verantworten und an moralischen Maßstäben und Werten zu orientieren sind. Rein technische Entscheidungen und Begründungen sind dabei häufig nicht ausreichend.

⊘ Achtung

Die Frage nach der Bedeutung *von* Technik erweist sich als Frage nach ihrer Bedeutung *für* Mensch, Gesellschaft und Natur.

Bedeutung *von* und Bedeutung *für* sind folglich nicht zu trennen. Technik leistet zweifelsfrei einen gewichtigen Beitrag zum menschlichen und gesellschaftlichen Wohl. Global und zunehmend auch lokal ist dieser technikindizierte Wohlstand allerdings stark ungleich verteilt. So wird der technische Fortschritt und wirtschaftliche Wohlstand in den reicheren Nationen in vielen Fällen durch eine soziale und ökologische Verschlechterung in ärmeren Nationen erkauft. Die für technische Produkte benötigten Ressourcen, Materialien und Rohstoffe werden auch im 21. Jahrhundert häufig noch unter sehr schlechten bis hin zu menschenunwürdigen Arbeitsbedingungen und nicht selten mittels Kinderarbeit gewonnen. Unter ähnlich schlechten Bedingungen werden diese Produkte dann später wieder zerlegt, entsorgt oder recycelt. Nur durch diese ungenügenden Arbeitsbedingungen, verbunden mit einer ungerechten Entlohnung, ist es beispielsweise möglich, Mobilfunkgeräte bei steigender technischer Qualität immer günstiger anzubieten. Dass in den reicheren Staaten nahezu alle Bürger – Erwachsene ebenso wie Jugendliche – ein Mobilfunkgerät besitzen und in immer kürzeren Zeiten durch ein neues und technisch höherwertiges ersetzen, ist allein dadurch möglich, dass Menschen ärmerer Nationen unter Aufopferung ihrer Gesundheit die dazu notwendigen Ressourcen abbauen. Technik und Wirtschaft spielen hierbei gleichermaßen eine unrühmliche Rolle. Daher ist gerade in diesen beiden Bereichen eine konsequent und aufrichtig verfolgte nachhaltige Entwicklung unabdingbar.

In der Technik sind es vor allem sechs Irrtümer, die im Hinblick auf eine nachhaltige Technikentwicklung zu vermeiden sind und im Detail im ▶ Kap. 7 analysiert werden:

i) Der erste Irrtum ist, Technik bloß als Instrument, Mittel oder Werkzeug zu deuten, mit deren Hilfe die Bedürfnisse oder Zwecke der Kunden und Kundinnen befriedigt werden. Richtig ist vielmehr, dass Technik heute eine Eigendynamik entfaltet, die diesen Prozess umkehrt. Es werden immer mehr technische Produkte in immer kürzeren Zeitabständen entwickelt und hergestellt, wofür die Bedürfnisse noch gar nicht vorhanden sind und folglich durch aufwendige und kostenintensive Werbe- und Marketingstrategien erst generiert werden müssen. Aus rein technischer und ökonomischer Sicht vermag dies sinnvoll erscheinen, aus einem erweiterten humanen, sozialen und ökologischen Blickwinkel erweist sich dieses Vorgehen allerdings im hohen Maße kontranachhaltig. ii) Der zweite Irrtum ist, Handlungen von Ingenieuren als weitestgehend automatisiert oder gar als determiniert zu deuten, da sie nahezu ausnahmslos durch die Resultate der Wissenschaften geleitet werden, wie beispielsweise durch Naturgesetze und physikalische Gesetze. Richtig ist statt dessen, dass die Entwicklung technischer Produkte weitaus mehr umfasst, als die bloße Anwendung wissenschaftlicher Ergebnisse, insbesondere dann, wenn sie sich als nachhaltig versteht. Eine nachhaltige Technikentwicklung ist nicht technologisch und naturgesetzlich determiniert, sondern ein komplexer Prozess, in dem eine Vielzahl unterschiedlicher technischer, ökologischer, ökonomischer, politischer, sozialer und moralischer Entscheidungen zu treffen und zu begründen sind. iii) Der dritte Irrtum, dass der Bereich der Technik moralisch neutral ist, ist heute weitestgehend ausgeräumt. Technisches Handeln unterliegt in gleicher Weise moralischen Regeln, Normen und Werten wie jede Alltagshandlung. Es gibt grundsätzlich keine wertfreien Bereiche. iv) Dagegen ist die Behauptung, dass die Verantwortung im Gebrauch technischer Produkte allein beim Anwender dieser Produkte liegt, auch heute noch ein weit verbreiteter Irrtum. Selbstverständlich trägt die Entwicklerin eines Produktes keine Verantwortung für Schäden, die durch eine unsachgemäße Nutzung des Produktes entstehen. Sie trägt aber sehr wohl eine Verantwortung oder zumindest Mitverantwortung für unerwünschte oder unbeabsichtigte Nebenfolgen, die auch bei sachgemäßer Nutzung auftreten können. Im Rahmen einer nachhaltigen Entwicklung technischer Produkte ist der Verantwortungsumfang sogar noch größer. Denn er schließt neben der technischen Verantwortung gleichrangig eine soziale und ökologische Verantwortung für das entwickelte Produkt ein. v) Es gehört auch heute noch zum Selbstverständnis vieler Ingenieure, dass jedes durch Technik bedingte Problem wieder technisch-wissenschaftlich gelöst werden kann. Dies ist ein Irrtum. Denn erstens erfordern viele dieser Probleme bezüglich ihrer Art und ihres Umfangs andere als ausschließlich technische Lösungen und Entscheidungen. So erfordern beispielsweise die technikbedingten Probleme des Klimawandels, des Verlusts an Biodiversität, der Verschmutzung der Gewässer und der Schäden durch Reaktorkatastrophen nicht nur ein technisches, sondern auch ein gesellschaftliches und politisches Umdenken. Zweitens führt die Strategie, technische Probleme stets technisch-wissenschaftlich zu lösen, in einen unendlichen Regress, da »Wissenschaft und Technik nicht nur Probleme lösen, sondern auch Probleme schaffen« (Mittelstraß 2000, S. 33). vi) Der sechste Irrtum deutet Technik als Aggregat aller technischer Produkte und Handlungen. Diese Technikdeutung ist zwar nicht falsch – denn auch oben wurde Technik als Handlung begründet – aber sie engt den Begriff der Technik und damit seine Bedeutung noch zu stark ein. Denn die Bedeutung der Technik geht weit über den Bereich des bloß Technischen hinaus. Technik verändert die Welt. Sie verändert das Leben jedes Einzelnen sowie das gesellschaftliche Leben. Sie beeinflusst Wünsche, Entscheidungen, Absichten und Handlungen von Menschen und sogar ihr Weltbild. Und sie verändert Natur und Umwelt. Aufgrund dessen kommt der Technikentwicklung innerhalb der Nachhaltigkeit eine ganz besondere Rolle und Verantwortung zu.

Die zu Beginn dieses Abschnitts gestellte Frage nach der Technik kann somit zusammenfassend und bezogen auf Nachhaltigkeit wie folgt beantwortet werden:

Definition

Nachhaltige Technik ist stets eine Form von nachhaltiger Handlung und daher nicht nur technisch, sondern gleichrangig auch moralisch, sozial, ökologisch und ökonomisch zu rechtfertigen und zu verantworten.

Sie ist, wie in den folgenden Abschnitten noch näher begründet wird, zugleich ganzheitlich, wertend, kritisch, selbstkritisch, transparent und im weiteren Sinne auch aufklärerisch. »In this sense, technology is to be considered inherently multidimensional« (Murata 2013). Um den Zielen der Nachhaltigkeit in technischen Produkten und Systemen gerecht zu werden, sind folglich nicht nur materielle und quantitative Größen zu berücksichtigen, sondern auch immaterielle und qualitative. Die Berücksichtigung qualitativer und immaterieller Größen gestaltet sich sowohl aus praktischer als auch systemtheoretischer Sicht schwieriger als diejenige quantitativer Größen. Dies darf aber gleichwohl kein Grund sein, sie unberücksichtigt zu lassen.

4.3 Ganzheitliche Technik

Als ganzheitliche Technik wird im Folgenden eine Technik verstanden, die sich nicht als ein abgegrenzter, isolierter Bereich versteht, also in der Weise einer Insel der Technik, sondern als Knoten in einem umfassenden und engmaschigen Netz, in dem u. a. der Mensch, die Gesellschaft, die Natur, die Kultur und die Wissenschaften andere gleichrangige Knoten sind (Aphin e. V. 2013). Dieses Netz repräsentiert folglich ein Ganzes, in dem die Technik nur ein Teil unter vielen ist und sowohl einerseits mit dem Ganzen als auch andererseits mit den anderen Teilen in einer engen Wechselbeziehung steht. Jede technische Entwicklung hat folglich sowohl eine Auswirkung auf das Ganze als auch auf alle seine Teile. Eine nachhaltige Technik ist sich dieser Rolle als Teil des Ganzen bewusst und nimmt sie an. Sie ist folglich eine ganzheitliche Technik. Als solche wird sie ihre Entwicklungen konsequent sowohl aus der Perspektive des Ganzen als auch aus den Blickwinkeln der anderen Teile beständig kritisch prüfen und bewerten und zwar in moralischer, sozialer, ökologischer und ökonomischer Hinsicht. Eine nachhaltige Technikentwicklung ist daher auf Ingenieure und Ingenieurinnen angewiesen, die mit Freude und Neugierde über ihren eigenen fachlichen Tellerrand hinausschauen (ebd.).

Obgleich die Technik nur ein Teil eines übergeordneten Ganzen ist, so repräsentiert sie doch gleichfalls selbst ein Ganzes. So besteht beispielsweise jedes technische Produkt oder System aus einzelnen Bauteilen, Materialien und Komponenten, die in ihrer geordneten Zusammenfügung allererst das Ganze des technischen Produktes oder Systems bilden. Zu diesem Ganzen gehört auch seine Geschichte oder sein Lebenszyklus, der mit der Phase der Gewinnung der benötigten Materialien, Rohstoffe und Ressourcen beginnt und mit der Phase der Zerlegung und Entsorgung des Produktes oder Systems endet. Zwischen diesen beiden Phasen liegen die Phasen der Konzipierung, Planung und Herstellung des Produktes, die Phasen seiner Vermarktung und Nutzung sowie meist mehrere Phasen des Transports. Technische Entwicklungen, die sich als nachhaltig verstehen, werden alle diese Phasen des Lebenszyklus eines Produktes gleichrangig im Blick haben (► Kap. 5). Auch dieser Blick ist ein ganzheitlicher und erfordert ebenso wie bereits oben aufgeführt, eine gleichrangige moralische, gesellschaftliche, ökologische und ökonomische Prüfung und Bewertung.

Zusammenfassend ist eine nachhaltige Technik sowohl nach außen als auch nach innen eine ganzheitliche. Die folgenden Abschnitte zeigen einige daraus resultierende Konsequenzen auf.

4.4 Ökologische Technik

Technische Entwicklungen haben einen enormen Einfluss auf die Natur. So benötigen alle technischen Produkte zu ihrer Herstellung erstens eine Vielfalt unterschiedlicher Materialien und Werkstoffe, die der Natur entnommen werden. Zweitens benötigen alle technischen Produkte Energie, deren Gewinnung mit klimaschädlichen Kohlendioxidemissionen verknüpft ist, sofern sie nicht regenerativ aus Sonne, Wind oder Wasser gewonnen wird. Drittens produzieren viele technische Produkte Abgase und Schadstoffe, welche die Natur gleichfalls stark belasten und schädigen, beispielsweise eine Verschmutzung der Luft und der Gewässer. Viertens entstehen in allen Lebensphasen eines Produktes vielfältige und zumeist naturschädliche Abfallprodukte. Fünftens führen technische Unfälle und Katastrophen immer wieder zu einer erheblichen Schädigung der Natur. Aufgrund dieser massiven Beeinflussung der Natur durch die Technik tragen Ingenieure und Ingenieurinnen eine besondere ökologische Verantwortung, der sie durch eine konsequent nachhaltige Technikentwicklung gerecht werden können.

> **Definition**
>
> Eine Technik, die der Nachhaltigkeit verpflichtet ist, ist notwendig eine ökologische Technik. Beides kann nicht getrennt werden.

4

Im Folgenden werden einige Aspekte einer nachhaltigen, ökologischen Technikentwicklung aufgezeigt. Dabei ist zu beachten, dass eine nachhaltige, ökologische Technikentwicklung nur gemeinsam mit einer nachhaltigen, ökologischen Ökonomieentwicklung gelingen kann.

Unter der Leitidee der Nachhaltigkeit sind technische Produkte und Systeme nicht mehr nur bezüglich ihrer technischer Qualität zu optimieren, beispielsweise in puncto Funktionalität und Zuverlässigkeit, sondern gleichzeitig und gleichrangig auch bezüglich Ressourcen- und Energiebedarf.

> **Merke!**
> Die technische Herausforderung besteht darin, technische Produkte und Systeme zu realisieren, die ohne Einschränkung der technischen Qualität weniger Ressourcen und weniger Energie benötigen. Ein technisches Produkt ist folglich zumindest stets in drei Aspekten gleichrangig zu optimieren: technischer Qualität, Ressourcen- und Energieeffizienz.

Die Entwicklung technischer Systeme wird dadurch zweifelsfrei komplexer. Nachhaltige technische Systeme sind nämlich per se Systeme mit multiplen Optimierungsparametern. Dies erfordert nicht nur ein praktisches Umdenken, sondern auch eine neue theoretische Fundierung bzw. eine Modifizierung oder Erweiterung der traditionellen Systemtheorie.

Der Ressourcen- und Energiebedarf eines technischen Systems kann noch stärker reduziert werden, wenn die soeben aufgestellte Forderung, die technische Qualität unangetastet zu lassen, zumindest in Teilen zurückgenommen wird. Selbstverständlich muss ein technisches System zuverlässig funktionieren. Und ebenso selbstverständlich soll von ihm keine Gefahr für das menschliche Leben und die menschliche Gesundheit ausgehen. Diesbezüglich sind Abstriche indiskutabel. Es kann und sollte allerdings geprüft werden, ob alle in einem technischen System realisierten Funktionen in der Tat benötigt werden. Denn jede weitere und über bestimmte Grundfunktionen hinausgehende Funktion erfordert zu ihrer Bereitstellung zusätzlich Ressourcen und Energie. Eine Begrenzung des Umfangs an Funktionen (nicht an Funktionalität) führt folglich zu einer weiteren Ressourcen- und Energieeinsparung. Aus ökologischen Gesichtspunkten ist daher abzuwägen und zu begründen, welche Funktionen in ein System de facto zu implementieren sind und welche nicht. Viele technische Systeme sind heute multifunktional, aber nicht alle Funktionen werden von allen Kunden und Kundinnen auch genutzt. Häufig kommt sogar nur ein kleiner Bruchteil der in einem technischen Produkt verfügbaren Funktionen zum Einsatz. Viele implementierten Funktionen werden sogar niemals genutzt. Es bietet sich daher an, die ökologisch sinnvolle Begrenzung der Vielfalt an technischen Funktionen kundenorientiert und damit nachhaltig durchzuführen.

Jedes technische Produkt oder System benötigt nicht nur während seiner Nutzung Energie und Ressourcen, sondern bereits vorgängig bei der Gewinnung der benötigten Ressourcen, Materialien und Rohstoffe, bei seiner Herstellung in den Produktionsstätten und anschließend bei seiner Entsorgung. Alle diese vier Lebensphasen eines Produktes führen folglich auch zu einem Ausstoß an Kohlendioxid. Daher ist in allen vier Phasen gleichrangig auf einen geringen Material- und

Energiebedarf zu achten, das heißt auf eine Erhöhung der Material- und Energieeffizienz, z. B. durch Nutzung regenerativer Energien, wie Wind- und Sonnenenergie oder Energie aus Wasserkraft, Biomasse oder Geothermie. Da die vier Phasen in der globalisierten Welt häufig über den gesamten Erdball verteilt sind, sind zwischen diesen Phasen lange Transportwege zurückzulegen, die wiederum Energie- und Ressourcen benötigen und die Umwelt belasten. Die Bedeutung der vier Phasen für die nachhaltige Entwicklung technischer Produkte darf daher nicht unterschätzt werden und zwar nicht nur aus ökologischer Perspektive, sondern auch aus humanen und sozialen Gesichtspunkten.

Ein weiteres ökologisches und damit nachhaltiges Qualitätsmerkmal technischer Produkte und Systeme ist ihre Betriebs- oder Lebensdauer. Ingenieurinnen und Techniker tragen diesbezüglich gegenüber dem Konsumenten eine besondere Verantwortung. Denn sie kennen die von ihnen entwickelten technischen Geräte und Systeme besser als jeder andere. Sie wissen um die Qualität ihrer Komponenten, Bauteile und Materialien und somit um ihre in etwa zu erwartende Lebensdauer. Wenn die Lebens- oder Betriebsdauer eines technischen Systems erhöht wird, können wertvolle Ressourcen eingespart werden. Technische Systeme, die bereits nach wenigen Jahren aufgrund eines besonderen Defektes nicht mehr repariert, sondern nur noch gegen ein neues ersetzt werden können, erhöhen dagegen den Ressourcenbedarf und verletzen das Nachhaltigkeitsgebot des sparsamen Umgangs mit Ressourcen. Die Lebensdauer eines Gerätes oder technischen Systems ist daher sowohl aus technischer als auch aus ökologischer Sicht ein essentielles Qualitätsmerkmal. Es spricht weder für die Qualität der Technik noch für die fachliche Kompetenz von Ingenieuren und Technikerinnen, wenn technische Geräte trotz ordnungsgemäßer und sachgerechter Nutzung bereits nach wenigen Jahren defekt sind. Gleiches gilt für die Reparaturfähigkeit von Geräten. Die Crux ist, dass es aus technischer Sicht zumeist kein Problem ist, langlebige und reparaturfähige Geräte herzustellen, zumindest bei Geräten ab einer bestimmten Preisklasse. Warum funktionieren dann so viele Geräte nach einer bestimmten Zeit nicht mehr? Die Ursache hierfür kann Zufall sein. Wenn diese zufälligen Ereignisse sich allerdings häufen oder gar regelmäßig aufzutreten scheinen, wird es zunehmend fraglich, ob es de facto noch ein Zufall ist, der hier vorliegt, oder bereits doch schon eine Regel. Regelmäßige Ereignisse folgen entweder einem Naturgesetz oder einer durch Menschen gesetzten Regelmäßigkeit. Dass die überraschend kurze Lebensdauer vieler Geräte einem Naturgesetz folgt, ist nicht auszuschließen, aber sehr unwahrscheinlich. Denn welches Naturgesetz sollte dies sein? Weitaus wahrscheinlicher ist dagegen eine von Menschenhand geplante Gesetzmäßigkeit, nach der Geräte nach Ablauf einer in etwa vorbestimmten Zeitdauer ihre Funktion derart einstellen, dass eine Reparatur nicht mehr lohnenswert oder gar unmöglich ist. Dieser endgültige Defekt tritt für den Besitzer oder die Anwenderin des Gerätes zumeist völlig überraschend ein. Für die Konstrukteurin und den Konstrukteur des Gerätes ist dieser Defekt dagegen nicht weiter überraschend, sondern vielmehr, da gezielt geplant, erwartet. Es ist allerdings faktisch schwer nachzuweisen, in welchen Fällen eines solchen endgültigen Defektes ein Zufall vorlag oder eine sogenannte geplante Obsoleszenz (Umweltbundesamt 2020, 2017).

Das grobe Festlegen des Zeitpunkts des endgültigen Versagens eines technischen Gerätes – das sogenannte death dating – ist zwar eine besondere technische Kunstfertigkeit des Konstrukteurs, die Fachwissen erfordert. Es ist aber eine im höchsten Maße fragwürdige Kunst, die dem Selbstverständnis der Ingenieurin und des

4

Technikers in jeder Weise widerspricht. Denn es gehört zu ihrem Selbstverständnis, Geräte zu planen, zu entwickeln und herzustellen, die sich durch eine hohe technische Qualität auszeichnen und die Marke *Made in Germany* prägen. Und hierzu gehören neben den bereits genannten Qualitätsmerkmalen der Funktionalität und der Zuverlässigkeit gleichermaßen das technische Qualitätsmerkmal der Langlebigkeit und Reparaturfähigkeit. Dabei hängen insbesondere die Merkmale der Zuverlässigkeit und Langlebigkeit im hohen Maße von der Qualität der verwendeten Materialien ab. Geräte mit hochwertigen Materialien sind zuverlässiger und langlebiger als solche mit minderwertigen Materialien. Sie sind folglich in aller Regel auch teurer in ihrer Anschaffung. Über ein frühzeitiges Versagen eines preiswerten Gerätes ist daher der Konsument meist auch nicht sonderlich überrascht, über das einer höheren Preisklasse allerdings schon. Es ist daher ein deutlicher Unterschied, ob ein preiswertes Gerät aufgrund minderwertiger Materialien frühzeitig endgültig versagt oder ein (scheinbar) hochwertiges Gerät aufgrund geplanter Obsoleszenz.

> ❗ **Achtung**
> Death dating und geplante Obsoleszenz sind im hohen Grade sowohl ökologisch als auch moralisch verwerflich und den Zielen der Nachhaltigkeit in jeglicher Hinsicht gegenläufig.

4.5 Moralische und soziale Technik

Nachhaltige Technikentwicklungen sind, wie soeben gezeigt, notwendig ökologisch. Diese enge Verknüpfung von Technik und Ökologie ist nicht sonderlich überraschend. Aber haben nachhaltige Entwicklungen technischer Produkte und Systeme auch eine moralische und soziale Dimension? Die Antwort, die im Folgenden zu begründen ist, lautet Ja.

Wenn die Idee der Nachhaltigkeit aufrichtig verfolgt wird, dann dürfen bestimmte Fragen nicht ausgeklammert oder tabuisiert werden. Dies gilt uneingeschränkt auch für den Bereich der Technik und ihrer zugehörigen Wissenschaften. Ein solche Frage ist beispielsweise die folgende: Soll all dasjenige, was technisch hergestellt werden kann, auch tatsächlich hergestellt werden? Folgt also aus einem technischen Wissen und Können ein technisches Sollen? Ist es beispielsweise zu verantworten, Produkte herzustellen, die mit hohen Risiken für Mensch und Natur verbunden sind oder mit Risiken, die nicht allgemein akzeptiert werden? Ist es zu verantworten, Produkte oder Funktionen zu realisieren, für die zunächst kein Bedarf besteht, sondern deren Bedarf erst durch aufwendige und kostenintensive Werbe- und Marketingstrategien generiert wird? Ist es moralisch zu verantworten, potentielle Kunden und Kundinnen zur Anschaffung technischer Produkte in gleicher Weise zu überreden, wie manche, unseriöse Versicherungsvertreter ihre zweifelhaften und häufig unnötigen Versicherungen? Die in dieser Beziehung aufgeklärten Bürgerinnen und Bürger werden diesen Überredungskünsten widerstehen. Die Opfer dieser zweifelhaften Künste sind daher zumeist die diesbezüglich weniger aufgeklärten Mitbürger und Mitbürgerinnen, zumeist also die vorwiegend älteren und jüngeren. Das Unmoralische und Unsoziale dieser Kunst treten hier offen zutage. Alles herzustellen und zu vermarkten, was technisch herstellbar ist, ist daher nicht nur ökologisch, sondern auch moralisch und sozial verwerflich. Das technische Können impliziert kein Sollen.

In noch stärkerem Maße moralisch und sozial verwerflich ist die oben bereits aus ökologischen Gründen kritisierte geplante Obsoleszenz. Sie ist ein Betrug am Kunden. Mit der geplanten Obsoleszenz wird das Vertrauen der Kundin in die Integrität von Ingenieuren und Technikerinnen zutiefst verletzt. Kunden und Kundinnen vertrauen darauf, dass Ingenieurinnen und Techniker nach bestem Wissen und Gewissen zuverlässige technische Produkte entwickeln. Technik steht im Dienst des Menschen. Mit geplanter Obsoleszenz wird dieser Dienst aufgekündigt. Moralische Regeln geben dem Leben in der Gemeinschaft eine gewisse Ordnung und Verlässlichkeit. Man kann sich im Großen und Ganzen darauf verlassen, dass Andere einen nicht betrügen oder belügen, beispielsweise wenn man in einer fremden Stadt nach dem Weg fragt. Selbstverständlich gibt es Ausnahmen. Diese Ausnahmen führen aber nicht dazu, in jedem Mitmenschen grundsätzlich zunächst einen Betrüger oder Lügnerin zu sehen. Es gibt ein Grundvertrauen in die Ehrlichkeit des Mitmenschen. Ohne dieses Grundvertrauen wäre das Leben von ständiger Angst und Furcht geprägt und damit ein unfreies und unbefriedigendes Leben. Die in Gesellschaften etablierten und überwiegend akzeptierten moralischen Regeln, Normen und Werte rechtfertigen dieses Grundvertrauen. Umso gravierender ist es, wenn gerade Mitbürger wie Ingenieurinnen und Techniker, denen ein besonderes Vertrauen bezüglich ihres Wissens und Könnens entgegengebracht wird, dieses Vertrauen durch geplante Obsoleszenz missbrauchen. Geplante Obsoleszenz schädigt nicht nur den betroffenen Bürger, sondern auch das Berufsbild der Ingenieurin und des Technikers. Geplante Obsoleszenz macht dem Beruf des Ingenieurs und Techniker keine Ehre. Sie ist moralisch und sozial verwerflich.

Im vorigen Abschnitt der ökologischen Technik wurde begründet, dass alle vier Phasen des Lebenszyklus eines technischen Produktes eine ökologische Dimension haben. In gleicher Weise spielen in ihnen aber auch moralische und soziale Aspekte eine zumindest gleichwertige wenn nicht gar eine höhergewichtige Rolle. So ist bereits im Vorfeld einer Entwicklung eines neuen technischen Produktes zu bedenken, welche Materialen und Rohstoffe zum Einsatz kommen sollen und welche Herkunft diese benötigten Ressourcen haben. Wurden diese Ressourcen unter menschenwürdigen Arbeitsbedingungen gewonnen und abgebaut? Oder wurden sie menschenunwürdig oder gar mittels Kinderarbeit gewonnen? Gleiches gilt für die Produktion der Produkte, die aus rein ökonomischen Gründen häufig in Länder ausgelagert wird, in denen nur ungenügende Sicherheitsauflagen für Unternehmen existieren oder, falls sie vorhanden sind, nur lückenhaft kontrolliert werden. Die Arbeitsbedingungen sind in diesen Unternehmen dementsprechend schlecht und häufig menschenunwürdig. Gesundheitliche Schäden und Unfälle mit Toten und Schwerverletzten sind die Folgen. Das gleiche Bild zeigt sich bei der Entsorgung oder Zerlegung der Produkte nach Ablauf ihrer Nutzungsdauer. Eine technische Entwicklung, die vor diesen sozialen Missständen die Augen verschließt, ist keine nachhaltige Technikentwicklung. Sie ist im hohen Grade inhuman, moralisch und sozial verwerflich. Sie ist damit der Idee der Nachhaltigkeit geradewegs gegenläufig.

Es gehört zum Selbstverständnis und zum Berufsethos von Ingenieurinnen und Technikern, qualitativ hochwertige technische Produkte zu konzipieren und herzustellen, die sich durch einen hohen Grad an Zuverlässigkeit und Sicherheit auszeichnen und damit das Risiko eines Schadens für die Anwenderin des Produktes

4

soweit als möglich minimieren. Es ist daher ein Widerspruch in sich, wenn Ingenieurinnen in Zusammenarbeit mit Ökonomen die Realisierung ihrer sicheren Produkte auf unsichere, inhumane und moralisch wie sozial verwerfliche Produktionsmethoden gründen. Es ist ein Widerspruch, wenn sie kostengünstige Rohstoffe verwenden, die unter menschenunwürdigen Bedingungen und unter großen gesundheitlichen Risiken und Gefahren abgebaut werden. Es ist ebenso ein Widerspruch, wenn ihre sicheren Produkte in Unternehmen produziert werden, in denen die Sicherheit und Gesundheit der Angestellten permanent gefährdet ist. Und es ist ein Widerspruch, sichere Produkte nach ihrer Betriebszeit in gesundheitsschädlicher und gefährlicher Weise zerlegen und entsorgen zu lassen. Auch ökonomische Sachzwänge können diese Widersprüche nicht auflösen oder rechtfertigen. Sie können es allein schon deswegen nicht, weil das Argument des Sachzwanges unschlüssig bzw. bloß ein Scheinargument ist. Denn es gibt grundsätzlich keine Sachzwänge, da per se zumindest immer eine Alternative und folglich per se immer zwei Handlungsoptionen existieren, nämlich einem angeblichen Sachzwang zu folgen oder ihm nicht zu folgen. Technik und Ökonomie stehen in einem Abhängigkeitsverhältnis, das sich bis dato für beide Seiten als fruchtbar erwies. Dagegen ist solange nichts einzuwenden, wie die Ernte der Früchte nicht auf Inhumanität oder der Missachtung allgemein akzeptierter moralischer Regeln und Werte gründet. Die Gesundheit und die Würde des Menschen sind zwei nahezu kultur- und länderübergreifende universelle Werte. Sie implizieren die moralische Regel, sowohl bei der Rohstoffgewinnung als auch bei der Produktion und der Entsorgung technischer Produkte uneingeschränkt menschenwürdige Arbeitsbedingungen zu gewährleisten. Dies ist eine unantastbare moralische Mindestforderung nachhaltiger Entwicklungen und zwar sowohl im technischen wie auch im wirtschaftlichen Bereich. Folglich tragen Technikerinnen und Ökonomen diesbezüglich gleichermaßen eine moralische und soziale Verantwortung. Zuerst kommt die Humanität und erst dann kommen Technik und Ökonomie. Technik und Ökonomie stehen folglich im Dienst des Menschen und Mitmenschen, nicht vice versa.

Eine humane, moralische und soziale Technikentwicklung ist zugleich wertend. Denn sie prüft, beurteilt und bewertet alle Phasen der Entwicklung eines Produktes im Hinblick auf Humanität und soziale Gerechtigkeit. Auch in der Technikentwicklung gelten in allen Bereichen und allen Phasen die Menschenrechte (siehe hierzu u. a. Huning 1993). Menschenrechte, Nachhaltigkeit und eine humane, moralische und soziale Technikentwicklung bilden eine untrennbare Einheit. Dies mag für Ingenieure und Technikerinnen, die sich als Bewohner der wertfreien Insel der Technik verstehen, fremd klingen. Wird aber erst die Brücke erkannt, die diese Insel der technischen Fakten und Tatsachen mit dem Umland der Werte verbindet, so wird dadurch eine Bereicherung erfahren. Denn das begrenzte Bild der Technik wird weiter. Es ergeben sich neue Perspektiven, Blickwinkel und Möglichkeiten. Der Einbezug humaner, moralischer und sozialer Gesichtspunkte in die Entwicklung technischer Produkte und Systeme – neben den technischen und ökologischen – ist eine neue und spannende Herausforderung an Ingenieurinnen und Techniker ihrem Selbstverständnis entsprechend kreativ und schöpferisch tätig zu werden und nachhaltige Ideen für eine humane, soziale und moralische Technik zu entwickeln. Der

Mensch, die Gesellschaft und unsere Umwelt sind auf solche Ingenieurinnen und Ingenieure angewiesen.

4.6 Bewertende Technik

Ein wesentliches und unabdingbares Element der nachhaltigen Entwicklung von Technik ist die Abschätzung und Bewertung der Technikfolgen. Eine technische Entwicklung, die nicht durch eine Technikfolgenabschätzung und eine Technikfolgenbewertung (Technical Assessment, TA) begleitet ist, ist nicht nachhaltig. Jedes durch eine technische Entwicklung und somit durch menschliches technisches Handeln hervorgebrachte technische Produkt ist notwendig ambivalent. Diese Ambivalenz gehört zum Wesen der Technik und kann daher von ihr nicht getrennt werden. Denn jede Technik hat per se einerseits primäre Folgen und andererseits sekundäre Folgen.

Die primären Folgen sind die beabsichtigten Folgen, die den Zweck des Produktes repräsentieren. So wird beispielsweise ein Auto hergestellt, um Menschen oder Güter zu transportieren, oder ein Kraftwerk, um Energie zu produzieren. In diesen erwünschten Folgen oder Zwecken gründet die Absicht der technischen Handlung, diese technischen Produkte zu entwerfen, zu entwickeln und herzustellen.

Die sekundären Folgen sind zumeist unerwünschte, aber nicht notwendig unbeabsichtigte Folgen. Diese können wie folgt klassifiziert werden (Franz 2014, S. 166 ff.):

i. Sekundäre Folgen, die notwendig mit den primären Folgen auftreten und bereits im Vorfeld der Herstellung eines technischen Produktes bekannt sind, beispielsweise die Abgase eines benzinbetriebenen Autos oder der Schadstoffausstoß eines Kohlekraftwerkes.

ii. Sekundäre Folgen, die notwendig mit den primären Folgen auftreten, jedoch zum Zeitpunkt der Herstellung eines technischen Produktes aufgrund mangelnden Wissens noch unbekannt, nicht vorhersagbar oder abschätzbar sind. Die gesundheitliche Schädigung der Strahlung von Mobilfunkgeräten ist hierfür möglicherweise ein Beispiel.

iii. Sekundäre Folgen, die nicht notwendig mit den primären Folgen auftreten, sondern nur unter bestimmten Bedingungen, beispielsweise durch technische Unfälle, wie Reaktorunfälle, Flugzeugabstürze, Zug- und Autounfälle. Auch der potentielle Hammermord gehört zu dieser Gruppe (siehe bspw. Trierischer Volksfreund 2011). Diese Folgen sind möglich, aber nicht notwendig. Sie sind daher mit den folgenden Fragen verknüpft: Mit welcher Wahrscheinlichkeit treten die Bedingungen auf, die zu dieser Art sekundärer Folgen führen? Wie groß ist der dabei entstehende Schaden? Was ist überhaupt ein Schaden? Wer ist von dem Schaden betroffen? Wie groß ist das Risiko dieser Folgen? Was ist Risiko? Im Rahmen einer nachhaltigen technischen Entwicklung sind alle diese Fragen der Technikbewertung zu bedenken.

Aufgrund der Bedeutung der Technikbewertung wurde im Jahre 1990 das Büro für Technikfolgen-Abschätzung beim Deutschen Bundestag (TAB) gegründet und seitdem vom Institut für Technikfolgenabschätzung und Systemanalyse (ITAS) in Kar-

4

lsruhe betrieben. Nur ein Jahr später publizierte im Jahre 1991 der Verein Deutscher Ingenieure (VDI) seine Richtlinie *Technikbewertung – Begriffe und Grundlagen* (VDI 1991, Richtlinie 3780). Als drittes bundesdeutsches Beispiel sei noch die 1996 gegründete Europäische Akademie zur Erforschung von Folgen wissenschaftlich-technischer Entwicklungen in Bad-Neuenahr genannt, die sich vor einigen Jahren den neuen Namen *Institut für qualifizierende Innovationsforschung und -beratung* (IQIB) gab und Tochtergesellschaft des Deutschen Zentrums für Luft- und Raumfahrt e. V. (DLR) ist. Diese institutionelle Verankerung der Technikbewertung ist aber allein nicht ausreichend. Denn eine Entwicklung technischer Systeme, die den Kriterien der Nachhaltigkeit genügt, kann dauerhaft nur gelingen, wenn die Thematik der Technikbewertung auch in die Curricula der technischen Fachbereiche integriert wird (▶ Kap. 9). Der VDI begründete diese Notwendigkeit bereits im Jahre 1998:

» »Technikbewertung gehört heute in das Ausbildungsspektrum eines modernen ingenieurwissenschaftlichen Studiums. Technik in ihrer gesellschaftlichen Bedeutung zu erkennen und aus der Vielzahl ihrer gesellschaftlichen, wirtschaftlichen, ökologischen Folgen heraus zu bewerten, gehört sicher zu den Zukunftsaufgaben von Ingenieuren« (VDI 1998, Vorwort).

Aufgrund der Notwendigkeit der Technikbewertung für eine nachhaltige Entwicklung ist es nicht hinreichend, sie lediglich als Wahlmodul zu konzipieren. Erforderlich ist vielmehr die Aufnahme der Technikbewertung als Pflichtmodul für alle technischen Studiengänge. Die beiden primären Ziele dabei sind, die Vermittlung der Bedeutung und Notwendigkeit nachhaltiger Entwicklung einerseits und die der Bedeutung und Notwendigkeit einer permanenten, kritischen Technikbewertung für die Nachhaltigkeit andererseits. Studierende sind anzuregen und zu motivieren, bereits in ihren Projekt- und Abschlussarbeiten ihre Ergebnisse nicht nur aus technischer und ökonomischer Sicht zu prüfen und zu werten, sondern auch einer Nachhaltigkeitsprüfung zu unterziehen und damit auch aus humaner, moralischer, sozialer und ökologischer Sicht zu beurteilen und zu bewerten. Die besondere Herausforderung der Tätigkeit eines Ingenieurs liegt nämlich heute und zukünftig darin, technische Systeme nicht allein bezüglich ihrer technischen Funktion zu optimieren, sondern zugleich und gleichrangig in puncto Nachhaltigkeit. Diese Herausforderung ist in allen Phasen des Lebenszyklus eines technischen Produktes präsent. Der Beruf der Ingenieurin und des Ingenieurs wird dadurch, wie bereits oben begründet, zweifelsfrei noch anspruchsvoller und erstrebenswerter als er ohnehin ist.

4.7 Kritische, selbstkritische, aufklärerische Technik

Eine weitere Grundvoraussetzung einer jeden nachhaltigen Entwicklung technischer Systeme ist die Durchdringung der Frage nach der Bedeutung der Technik für die Natur, den Menschen und die Gesellschaft. Denn Technik ist, wie bereits oben begründet, kein isoliertes Phänomen, sondern ein Knoten in einem Netz, das Mensch, Gesellschaft, Politik, Kultur, Natur u. a. als weitere Knoten beinhaltet, die zueinander in einem engen Beziehungsgeflecht stehen. Die Bedeutung der Technik und ihrer inhärenten Folgen in diesem komplexen Geflecht einerseits zu erkennen und zu bewerten und andererseits Natur nicht allein als dingliches Gegenüber des

Menschen und somit als bloßes Objekt, sondern als Partner zu sehen, gehört zu den interdisziplinären Zukunftsaufgaben von Ingenieuren und Ingenieurinnen. Diese Aufgabe kann in hervorragender Weise durch die Philosophie begleitend unterstützt werden, indem sie beispielsweise den begrifflichen Unterbau bereitstellt und Technik, Kultur und Natur in ihren Bedeutungen und Abhängigkeiten reflektiert. Technik und Philosophie schließen ergo einander nicht aus, wie irrtümlich vielfach vermutet wird, sondern haben das Potential gegenseitiger Unterstützung. Sie bedingen und befruchten einander wechselseitig. In freier Anlehnung an Kant (1787, KrV B 75, S. 75) kann diese enge Verknüpfung treffend in folgender Formel zum Ausdruck gebracht werden:

» »Philosophie ohne Technik ist arm, Technik ohne Philosophie ist blind« (Franz und Rotermundt 2009, S. 5).

Dies trifft insbesondere auf die Bewertung von Technik zu, aber auch auf die Aufklärungsfunktion der Philosophie und ihr Potential in puncto Begriffs- und Bedeutungsanalyse (▶ Kap. 9). Aufgrund dessen, dass einerseits Technik das Leben des Menschen wesentlich prägt und andererseits der Mensch und sein Dasein zu den Kernthemen der Philosophie gehören, wird Technik auch zu einem Schlüsselproblem der Philosophie (Hösle 1995). Eine Technik, die ihre Entwicklung philosophisch begleitet, wird im Folgenden als eine philosophische Technik bezeichnet.

Philosophische Technik bedeutet nicht, dass Ingenieurinnen und Techniker, um der Nachhaltigkeit gerecht zu werden, ein Doppelstudium absolvieren müssen. Dies ist keineswegs notwendig und wäre Unsinn. Denn der Beruf des Ingenieurs und der Ingenieurin wird nicht durch die Philosophie bereichert, sondern durch das Philosophieren. Die Philosophie kann man nach dem berühmten Philosophen Immanuel Kant ohnehin nicht lehren, sondern nur das Philosophieren (Kant 1787, KrV B 865/866, S. 541 f.). Es sind somit nicht die unterschiedlichen philosophischen Standpunkte, Positionen und Theorien, die für die Ingenieurin und den Ingenieur primär fruchtbar gemacht werden können, sondern die besondere Art und Weise des philosophischen Denkens, Fragens, Argumentierens und Reflektierens (▶ Kap. 9).

Philosophische Technik bedeutet folglich, technische Entwicklungen zu reflektieren. Philosophie ist Reflexion. Und Technik im Allgemeinen und nachhaltige Technik im Besonderen sind nicht reflexionsfrei. Nachhaltigkeit, Philosophie und Technik bilden in diesem Sinne eine untrennbare Einheit. Denn eine nachhaltige Technikentwicklung ist notwendig eine reflektierte Technikentwicklung. Sie schließt eine theoretische Reflexion ebenso ein (Technikphilosophie) wie eine praktische (Technikethik). Eine philosophische Technik schöpft aus der Art und Weise des philosophischen Denkens, Weiterdenkens und Hinterfragens. Philosophische Standpunkte und Positionen spielen dabei eine eher untergeordnete Rolle. In der philosophischen Technik steht folglich das Philosophieren und nicht die Philosophie im Vordergrund.

Eine philosophische Technik ist stets auch eine Kritik der Technik. Hier ist allerdings zunächst ein Missverständnis zu beseitigen. Denn Technikkritik wird häufig mit einer grundsätzlichen Ablehnung der Technik oder zumindest mit einem Angriff gegen Technik assoziiert. Diese ist zwar eine der möglichen und auch existenten Positionen der Technikkritik, aber eben nur eine Position unter vielen. Technikkritik ist weitaus facettenreicher. Technikkritik ist nicht der Gegenpol zur Technik, sondern wesentlicher Bestandteil. Technikkritik ist ebenso wie jede andere

4

Kritik förderlich, vorausgesetzt, sie wird argumentativ und wohl begründet vor-getragen. In diesem Sinne ist Technikkritik kein bloßes Vorbringen unbegründeter Meinungen und erst recht kein bloßes Meckern oder Nörgeln, sondern eine sach-liche, systematische und argumentative Auseinandersetzung mit der Technik und ihrer Bedeutung für Mensch, Gesellschaft und Natur. Technikkritik ist eine wissen-schaftliche Unternehmung, die neben der wissenschaftlich-kritischen Auseinander-setzung das Kritiküben im alltäglichen Sinne nicht ausschließt. Allerdings ist es ein Kritiküben, das sich durch den Ausweis begründeter Thesen und Antithesen, Ar-gumente und Gegenargumente auszeichnet. Technikkritik ist zudem ein bestän-diges Hinterfragen und zwar nicht nur in der Weise eines fortgesetzten Weiterfra-gens, sondern in der Weise des Fragens nach den Hintergründen und Bedingungen. Technikkritik schließt die Betrachtung der Technik aus verschiedenen Perspektiven und Blickwinkeln ein, beispielsweise aus denen des Menschen, der Gesellschaft und der Natur. Technikkritik muss nicht notwendig von außen kommen, sondern kann auch im Bereich der Technik selbst initiiert werden. Die Mitglieder des Institute of Electrical and Electronics Engineers (IEEE) haben die Bedeutung der Kritik für die Technik erkannt und bereits im Jahre 1990 in ihren *Code of Ethics* aufgenommen:

» »We, the members of the IEEE [...] agree to seek, accept, and offer honest criticism of technical work [...]« (IEEE 1990, Article 7).

Die Fähigkeit zum selbstkritischen Begleiten technischer Entwicklungen ist eine Grundbedingung verantwortungsvollen technischen Handelns. Und sie ist eine Grundvoraussetzung jeder nachhaltigen Technikentwicklung. Technischer Fort-schritt bedeutet nicht, alles herzustellen, was hergestellt werden kann. Ein derarti-ger technischer Fortschritt ist nicht nur unmoralisch, sondern der Idee der Nach-haltigkeit im höchsten Maße gegenläufig.

Last but not least gehört die Aufklärung gleichfalls zu einer philosophischen Technik. Denn Ingenieure und Technikerinnen tragen im Hinblick auf ihre Pro-dukte eine besondere Verantwortung: eine Verantwortung zur Aufklärung. Denn niemand kennt die technischen Produkte besser als sie, weil sie diese Produkte er-dacht, konzipiert, geplant und hergestellt haben. Ingenieurinnen und Techniker können folglich über die Nachhaltigkeit ihrer Produkte weitaus besser aufklären als jeder andere. Sie wissen um den Energie- und Ressourcenbedarf, den Schadst-offausstoß und um die möglichen Technikfolgen und Risiken. Es darf daher von Ingenieuren und Technikerinnen erwartet werden, dass sie über die Herkunft der Materialien, die sie zur Herstellung ihrer technischen Produkte verwenden, inform-iert sind. Und es darf von Ingenieurinnen und Technikern erwartet werden, dass sie ein aufrichtiges Interesse an einer sowohl sachgerechten als auch menschenwürdi-gen Entsorgung ihrer Produkte haben. Ingenieure und Ingenieurinnen sind Teil der lokalen und globalen Gesellschaft. Sie tragen daher für ihre Produkte auch eine ge-sellschaftliche Verantwortung. Indem sie über ihre Produkte aufklären und die Pro-duktentwicklung in allen Phasen transparent machen, werden sie dieser Verantwor-tung gerecht. Ingenieurinnen und Ingenieure haben eine Aufklärungsfunktion, eine Aufklärungsverantwortung und Aufklärungspflicht.

Ingenieure und Ingenieurinnen sind nicht verantwortlich für Schäden, die durch unsachgemäße Nutzung technischer Systeme entstehen. Die Aufklärung über mögli-che Folgen bei sowohl unsachgemäßer als auch bei sachgemäßer Benutzung gehören jedoch sehr wohl in ihren Verantwortungsbereich. Vor allem dürfen mögliche Folgen nicht verschwiegen werden. Verantwortung ist kein zusätzlich zu tragender Ballast, den man möglichst abgeben sollte. Das Tragen von Verantwortung gehört ebenso zum Selbstverständnis von Ingenieurinnen und Technikern, wie ihr Ziel, zuverlässige und sichere technische Produkte zu entwickeln. Beides kann man nicht trennen. Entwickeln und Herstellen ist Handeln und Handeln ist zu verantworten. Die Mitglieder des IEEE haben dies in ihrem *Code of Ethics* treffend formuliert:

» »We, the members of the IEEE [...] agree to accept responsibility in making decisions consistent with the safety, health and welfare of the public, and to disclose promptly factors that might endanger the public or the environment« (IEEE 1990, Article 1).

Eine ähnliche Formulierung findet sich in den ethischen Grundsätzen des Ingenieurberufs beim Verband Deutscher Ingenieure (VDI): »Ingenieurinnen und Ingenieure sind sich der Wechselwirkung technischer Systeme mit Ökologie, Ökonomie und Gesellschaft bewusst. Sie berücksichtigen Kriterien bei der Technikgestaltung und beachten Konsequenzen für künftige Generationen. [...] Die Verantwortung von Ingenieurinnen und Ingenieuren orientiert sich an Grenzen, die im Rahmen allgemeiner ethischer Verantwortung gegeben sind« (VDI 2021, 2.1 und 2.4). Die Verantwortung für unerwünschte Technikfolgen ist komplexer als sie auf dem ersten Blick vielleicht erscheint. Die folgenden Fragen bringen diese Komplexität zum Ausdruck: *Wer* trägt *für* welche Folgen gegenüber *wem* die Verantwortung? Gibt es neben der individuellen Verantwortung auch eine Gruppen- oder Institutionsverantwortung? An welchen Kriterien, Normen, Werten oder (moralischen) Regeln kann oder soll der Handelnde – die Ingenieurin, der Wissenschaftler, die Technikerin oder der Anwender – in Anbetracht möglicher sekundärer Handlungsfolgen seine (technischen) Handlungen orientieren? Wie können diese Kriterien, Werte oder Regeln gerechtfertigt, begründet oder gar letztbegründet werden? Nach welchem Maßstab können sekundäre Folgen bewertet werden? Wie ist dieser Maßstab wiederum zu begründen? Diese Fragen demonstrieren, wie notwendig eine philosophische Durchdringung der Technik ist. Eine zumindest rudimentäre Einführung in das philosophische Denken im Rahmen eines ingenieurwissenschaftlichen Studiums ist daher zweifelsfrei eine Bereicherung, die der nachhaltigen Entwicklung technischer Produkte und Systeme zugute kommt.

4.8 Fazit

Eine nachhaltige Technik orientiert sich primär am Menschen, an der Gesellschaft und der Natur. Sie betrachtet Mensch und Natur gleichermaßen als Partner und nicht als Objekt. Eine Technik, die sich primär an der Machbarkeit orientiert ist nicht nachhaltig. Es gibt weder technische noch ökonomische Sachzwänge. Eine nachhaltige Technik hat nicht nur ihre inhärente technische Dimension, sondern gleichermaßen eine humane, moralische, soziale und ökologische. Um den Erfolg nachhaltiger technischer Entwicklungen sicherzustellen, ist eine beständige kritische und selbstkritische Begleitung erforderlich. Technik ist nicht reflexionsfrei und nicht wertfrei. Zudem bedarf jede technische Entwicklung der Transparenz. Daher gehört zu einer nachhaltigen Technik auch die öffentliche Aufklärung.

❗ Achtung

Die Gesellschaft ist auf Ingenieurinnen und Ingenieure angewiesen, die mit Freunde und Neugierde über ihren eigenen fachlichen Tellerrand hinausschauen (APHIN e.V. 2013).

Sie ist angewiesen auf reflektierende und verantwortungsbewusste Ingenieure und Ingenieurinnen, die neben ihrer technischen Aufgabe ebenso engagiert auch eine Öffentlichkeits-, Aufklärungs- und Kritikfunktion ausüben.

4

Literatur

Aphin e.V. (2013) Präambel der Satzung. ► www.aphin.de

Fischer P (1996) Technikphilosophie. Reclam, Leipzig

Franz JH (2007) Wertneutralität – Ein Irrtum in der Technikdiskussion. In: Franz JH, Rotermundt R (Hrsg) (2009): Philosophie und Technik im Dialog. Frank & Timme Verlag für wissenschaftliche Literatur, Berlin

Franz JH (2014) Nachhaltigkeit, Menschlichkeit, Scheinheiligkeit. oekom, München

Franz JH (2017) Die Frage nach dem Artefakt und eine Antwort im cusanischen Geist – Eine Ontologie der Artefakte. In: Franz JH, Berr K (Hrsg) Welt der Artefakte. Verlag für wissenschaftliche Literatur Frank & Timme, Berlin, S 17–28

Franz JH, Rotermundt R (2009) Technik und Philosophie im Dialog. Frank & Timme Verlag für wissenschaftliche Literatur, Berlin

Gethmannn CF, Gethmannn-Sieferet A (2000) Ethische Probleme versus Technikfolgenabschätzung. In: Gethmann-Siefert A, Gethmann CF (Hrsg) Philosophie und Technik. Fink (Neuzeit und Gegenwart), München

Heigegger M (1953) Die Frage nach der Technik. Vortrag in der Reihe Die Künste im technischen Zeitalter der Bayerischen Akademie der schönen Künste. TU München. (Wiederabgedruckt u.a. in Heigegger (1962) Die Technik und die Kehre. Pfullingen, Günther Neske, 5. Aufl. 1982)

Hösle V (1995) Warum ist die Technik ein philosophisches Schlüsselproblem geworden? In: Hösle V (Hrsg) Praktische Philosophie in der modernen Welt. Beck, München, S. 87 – 108

Huning A (1993) Technik und Menschenrechte. In Lenk, Hans; Ropohl, Günter: Technik und Ethik. Reclam, Stuttgart, S 245–258

IEEE (1990) Code of ethics. ► https://www.ieee.org/about/corporate/governance/S.78.html. Zugegriffen: 11. Sept. 2021

Kant I (1787) Kritik der reinen Vernunft. 2. Aufl. Zitiert nach: Kant I (1968) Kants Werke. Akademie Textausgabe III. Walter de Gruyter, Berlin

Kapp E (1877) Grundlinien einer Philosophie der Technik. Georg Westermann, Braunschweig

Mittelstraß J (2000) Die Angst und das Wissen – oder was leistet die Technikfolgenabschätzung? In: Gethmann-Siefert A, Gethmann CF (Hrsg) Philosophie und Technik. Fink, (Neuzeit und Gegenwart), München, S 25–41

Murata J (2013) What can we learn from Fukushima? The multi-dimensionality of technology. XXIII world congress of philosophy. Athens, August 4–10, Symposium 5, August 6

Trierischer Volksfreund (2011) Lebenslange Haft für Eifeler Hammermörder. 24./25. April

Umweltbundesamt (2017) Strategien gegen Obsoleszenz. Sicherung einer Produktmindestlebensdauer sowie Verbesserung der Produktnutzungsdauer und der Verbraucherinformation. ► www.umweltbundesamt.de/publikationen

Umweltbundesamt (2020) Weiterentwicklung von Strategien gegen Obsoleszenz einschließlich rechtlicher Instrumente. ► www.umweltbundesamt.de/publikationen

VDI (1991) Richtlinie 3780. Technikbewertung – Begriffe und Grundlagen. Beuth, Berlin

VDI (1998) Technikbewertung in der Lehre. VDI Report 28. VDI, Düsseldorf

VDI (2021) Ethische Grundsätze des Ingenieurberufs. In: ► www.vdi.de/ethischegrundsaetze. Zugegriffen: 11. Sept. 2021

Lebensphasen eines Produktes

Inhaltsverzeichnis

© Der/die Autor(en), exklusiv lizenziert durch Springer Fachmedien Wiesbaden GmbH, ein Teil von Springer Nature 2021
J. H. Franz, *Nachhaltige Entwicklung technischer Produkte und Systeme*,
https://doi.org/10.1007/978-3-658-36099-3_5

Mensch und Umwelt sind in den vier Lebensphasen eines Produktes gleichermaßen zu achten und zu schützen (jhf).

In diesem Kapitel wird nach einer Einführung (▶ Abschn. 5.1) gezeigt, dass technische Produkte und Systeme mindestens vier Lebensphasen durchlaufen und daher nur den Anspruch erheben können, nachhaltig zu sein, wenn in allen vier Lebensphasen die Ziele der Nachhaltigkeit aufrichtig verfolgt werden (▶ Abschn. 5.2). Die daraus folgenden Konsequenzen und Ergebnisse werden im ▶ Abschn. 5.3 zusammengefasst.

5.1 Einführung

Bei der Entwicklung technischer Produkte und Systeme ist es inzwischen nahezu selbstverständlich, diese so zu realisieren, dass sie während ihrer Nutzung möglichst energiesparsam und ressourcenschonend sind. So gibt es bereits seit 1992 für bestimmte Elektrogeräte eine Pflicht zur Kennzeichnung ihrer Energieeffizienz, die in Form kleiner Etiketten auf den Geräten ausgewiesen wird. Seit März 2021 ist eine neue Richtlinie der Europäischen Union in Kraft, welche die Energieeffizienz elektrischer und anderer technischer Geräte noch transparenter gestaltet (EU-Verordnung-2017/1369). Auch bei der Entwicklung von Kraftfahrzeugen wurden in den letzten Dekaden große Anstrengungen unternommen, den Energiebedarf deutlich zu minimieren. Das entscheidende Maß dafür ist für benzin- oder dieselbetriebene Fahrzeuge der Verbrauch an Kraftstoff in Liter pro gefahrene 100 km. Bei Elektrofahrzeugen ist das Maß die für 100 km benötigte elektrische Energie in kWh. Im Hinblick auf den Bedarf an Energie während der Nutzung technischer Produkte wurden also in der Vergangenheit bereits große Fortschritte erreicht, obgleich noch erhebliches Potential zur weiteren Verbesserung und zur Energieeinsparung besteht. In den Kinderschuhen steckt allerdings immer noch die nachhaltige Entwicklung bei der Gewinnung der Rohstoffe und Materialien, die für die Herstellung der Produkte und Systeme benötigt werden. Ebenso besteht noch ein deutliches Einsparungspotential bei der Produktion dieser Produkte und schließlich bei ihrer späteren Entsorgung. In allen diesen Bereichen, die als Lebensphasen des Produktes bezeichnet werden, kann also der Energiebedarf und damit die Kohlendioxidemission noch erheblich gesenkt werden. Aber damit wird das Produkt noch lange nicht nachhaltig. Denn dazu ist es ebenfalls erforderlich, auch die humanen, sozialen und ökonomischen Bedingungen in allen Lebensphasen des Produktes gewissenhaft zu prüfen und an die Ziele der Nachhaltigkeit anzupassen. Technische Produkte können folglich erst dann zurecht als nachhaltig deklariert werden, wenn in allen ihren Lebensphasen sowohl die ökologischen, sozialen und ökonomischen Bedingungen der Nachhaltigkeit erfüllt sind. Ingenieure und Ingenieurinnen können hierzu einen substantiellen Beitrag leisten.

5.2 Die vier Lebensphasen

Nachhaltige Entwicklung ist heute in allen Fachdisziplinen unabdingbar. Dies gilt ausnahmslos auch für den Bereich der Technik, der heute eng mit der Ökonomie verwoben ist. Im Bereich der Technik und den zugehörigen Ingenieurwissenschaf-

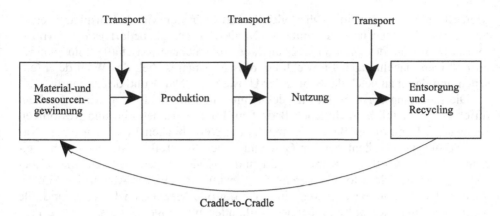

Abb. 5.1 Die vier Lebensphasen eines technischen Produktes oder Systems

ten wird allerdings häufig übersehen, dass technische Produkte nicht nur eine Nutzungsphase haben, sondern zumindest ingesamt vier Lebensphasen durchlaufen (■ Abb. 5.1).

In allen diesen Phasen besteht gleichermaßen eine Verpflichtung zur Nachhaltigkeit – und zwar in humaner, sozialer, ökologischer und ökonomischer Hinsicht. So verbietet sich beispielsweise in der ersten Phase der Material- und Ressourcengewinnung die heute immer noch übliche Kinderarbeit. Es geht nicht an, dass wir ~~in~~ Industrienationen nur deswegen alle zwei Jahre ein neues und relativ preiswertes Smartphone kaufen können, weil Kinder die dafür nötigen Ressourcen und Materialien aus engen Erdlöchern zu Tage fördern. Die zweite Phase ist die der Produktion. Hier ist ebenfalls darauf zu achten, dass diese unter menschenwürdigen Arbeitsbedingungen erfolgt und Maßnahmen zum Arbeitsschutz getroffen werden. Es ist nicht nur kontranachhaltig, sondern im höchsten Maße inhuman, wenn auf solche Schutzmaßnahmen verzichtet wird, nur um die Produktionskosten zum Zwecke der monetären Gewinnmaximierung zu senken. Ein in dieser Hinsicht trauriges Beispiel war und ist vielfach immer noch die Produktion von Kleidung in Bangladesh (Burckhardt 2013). Der Produktion folgt die Phase der Nutzung. Hier ist vor allem darauf zu achten, dass ein technisches Produkt wenig Ressourcen und Energie benötigt, langlebig ist und, falls erforderlich, repariert werden kann. Gerade der Reparaturfähigkeit von Geräten schenkte man in den letzten Jahren immer weniger Beachtung. Die letzte Lebensphase eines Produktes besteht in seiner Entsorgung und im Recycling. Auch wenn heute diesbezüglich bereits ein Umdenken stattfindet, so werden leider immer noch Altgeräte vielfach in Afrika oder Indien entsorgt, und häufig wieder durch Kinderhände unter menschenunwürdigen Arbeitsbedingungen zerlegt. Diese wenigen Beispiele zeigen bereits wie bedeutsam der humane und soziale Aspekt in den Lebensphasen eines Produktes ist. Aus diesem Grund verabschiedete am 11. Juni 2021 der Deutsche Bundestag erstmals ein Lieferkettengesetz, das die Unternehmen in die Pflicht nimmt, globale Verantwortung für die Rechte des Menschen innerhalb der gesamten Lieferkette zu übernehmen (Deutscher Bundestag 2021). Und da die Menschenrechte auch das Leben in einer intakten Umwelt einschließen, ist die unternehmerische Pflicht zum Schutz der Umwelt innerhalb der Lieferkette gleichfalls in das Gesetz aufgenommen.

Mensch und Umwelt sind folglich gleichermaßen in den vier Lebensphasen eines Produktes zu achten und zu schützen. Damit dies gelingt, bedarf es einer Transformation sowohl der Ökonomie als auch der Ingenieurwissenschaften hin zu einer aufrichtigen, nachhaltigen Entwicklung, dessen primäres Ziel, das Wohl der Menschen und damit zugleich der Schutz der Umwelt, der Natur und des Klimas ist.

Die Belastung der Umwelt und des Klimas in den vier Phasen wird vor allem durch den zum Teil beträchtlichen Bedarf an Energie, Rohstoffen und Ressourcen verursacht. Denn dieser Bedarf ist mit teilweise erheblichen Eingriffen in die Natur verknüpft, vor allem bei der Gewinnung der Rohstoffe. Und er geht mit einem hohen Ausstoß von Kohlendioxid und mit vielfältigen weiteren Umweltbelastungen einher. So erfordert bereits die Gewinnung und der Abbau der Materialien und Rohstoffe, beispielsweise in Minen, große Mengen an Energie. Sind alle Materialien und Rohstoffe schließlich vorhanden und angeliefert, erfolgt die Produktion des technischen Produkts, die gleichfalls wieder Energie und Ressourcen benötigt, beispielsweise zum Betreiben und zum Herstellen der dazu erforderlichen Werkzeugmaschinen, Förderbänder und Industrieroboter. Energie und Ressourcen werden aber nicht nur bei der Herstellung benötigt, sondern bereits im Vorfeld bei der theoretischen Planung und beim Entwurf der Geräte in den Laboratorien und Entwicklungsabteilungen. Bei einer noch differenzierteren Betrachtung ist auch noch diejenige Energie zu berücksichtigen, welche die Verwaltung des herstellenden Unternehmens benötigt. Hinzu kommt der Energiebedarf für die Klimatisierung der Gebäude und für die Anfahrt der Mitarbeiterinnen und Mitarbeiter mit öffentlichen Verkehrsmitteln oder privaten Kraftfahrzeugen. Ist das technische Produkt hergestellt, so sind Energie und Ressourcen für seine Vermar~ ~ erforderlich. Bevor das technische Produkt also vom Konsumenten oder der Konsumentin mit entsprechender Energie und entsprechenden Ressourcen in Betrieb genommen wird, haben die beiden vorgängigen Lebensphasen des Produktes bereits einen beachtlichen Energie- und Ressourcenbedarf generiert. Nach der Phase der Nutzung des technischen Produktes durch die Konsumentinnen oder Betreiber beginnt die vierte und letzte Lebensphase des Produktes: seine Entsorgung. Hierzu gehört seine Zerlegung, die Wiederaufbereitung seiner Bauteile und Baustoffe oder seine endgültige Entsorgung, wozu jeweils wiederum Energie und Ressourcen erforderlich sind. Da die vier Lebensphasen zumeist über den gesamten Erdball verteilt sind, gibt es zwischen den einzelnen Phasen in aller Regel lange Transportwege, die ebenfalls Energie benötigen und folglich erneut mit einem Ausstoß von klimaschädlichem Kohlendioxid einhergehen. Um den Energiebedarf infolge langer Transportwege zu reduzieren sind daher, falls möglich, Ressourcen aus der jeweiligen lokalen Region zu bevorzugen.

Die hier aufgestellte Betrachtung des Energie- und Ressourcenbedarfs in den vier Lebensphasen eines Produkts erlaubt auch einen differenzierten Blick auf die Elektromobilität. Denn auch Elektrofahrzeuge durchlaufen vier Lebensphasen. Und daher ist bei der Erstellung ihrer Kohlendioxid-Bilanz nicht nur ihre Nutzungsphase zu betrachten, in der sie den benzinbetriebenen Fahrzeugen deutlich überlegen sind, sofern die benötigte elektrische Energie regenerativ gewonnen wird. In dieser Bilanz sind auch die Phasen der Rohstoffgewinnung (z. B. für die erforderlichen Batterien), der Produktion und der Entsorgung bzw. des Recyclings zu berücksichtigen. Auch in diesen Phasen ist folglich Klimaneutralität anzustreben. Aber auch vollständig klimaneutrale Produkte sind, wie gezeigt, noch lange nicht nachhaltig. Dazu gehört, dass auch die humanen und sozialen Bedingungen der Nachhaltigkeit beachtet werden. Denn Nachhaltigkeit geht weit über den Klimaschutz hinaus. All dies gilt auch für Elektrofahrzeuge.

In den vier Phasen des Lebenszyklus technischer Produkte und Systeme werden aber nicht nur Ressourcen, Rohstoffe und Energie benötigt. In allen Phasen entstehen abhängig vom technischen Produkt in aller Regel auch Abfallprodukte und Schadstoffe, welche die Umwelt zusätzlich belasten. Die technische Herausforderung besteht folglich darin, alle Phasen als Ganzes im Blick zu behalten.

> **Merke!**
> Eine nachhaltige, technische Entwicklung darf sich nicht allein auf die Phase der Nutzung des technischen Produktes begrenzen, sondern muss alle Phasen gleichermaßen in Betracht ziehen.

Der Energiebedarf, der Ressourcenverbrauch, die Entstehung von nicht wieder verwertbaren Abfallprodukten, der Kohlendioxidausstoß und die Emission weiterer Schadstoffe ist daher in allen vier Phasen und auf allen mit diesen Phasen verbundenen Transportwegen gleichermaßen zu minimieren. Zudem ist bereits während der Entwicklung eines technischen Produktes auf die Erhöhung der Recyclingfähigkeit zu achten und folglich auf die verstärkte Nutzung wiederverwendbarer Materialen, wie beispielsweise beim Cradle-toCradle-Konzept (Meyer und Schroeder 2013, Braungart und McDonough 2014). Ziel ist es, nicht mehr benötigte Produkte bzw. ihre Bestandteile wieder in den Kreislauf zurückzuführen und so eine nachhaltige Kreislaufwirtschaft zu initiieren (siehe u. a. Eisenriegler 2020). Die in puncto Nachhaltigkeit verantwortungsvoll handelnden Ingenieurinnen und Ingenieure werden daher in Zusammenarbeit mit Kollegen und Kolleginnen anderer Fachdisziplinen bereits während der Produktplanung und -entwicklung den gesamten Lebenszyklus des Produktes im Blick haben. Sie werden zudem selbstverständlich auf die Reparaturfähigkeit des Produktes achten und eine Technikfolgenabschätzung und -bewertung durchführen, um so, falls erforderlich, rechtzeitig entsprechende Produktmodifikationen durchführen zu können.

So vielfältig die Projekte nachhaltiger Entwicklung in den unterschiedlichen Fachdisziplinen auch sein mögen, es ist die bedingungslose Leitidee eines menschenwürdigen Lebens, die alle diese Projekte eint. Sie ist das allen nachhaltigen Projekten zugrunde liegende Prinzip. Oder in einer Wortwahl Immanuel Kants: sie ist eine regulative Idee (Kant 1787, KrV B671 ff., S. 426 ff.) und damit eine Regel oder ein Maßstab, an dem Projekte, die den Anspruch erheben, nachhaltig zu sein, ihre Orientierung finden. Unter Nachhaltigkeit ist daher eine Entwicklung verstehen, die dieser Leitidee aufrichtig folgt und damit ihren Fokus auf das Sein der Nachhaltigkeit richtet und nicht auf ihren Schein.

Doch leider ist die Scheinheiligkeit in der Nachhaltigkeit heute immer noch unübersehbar. Greenwashing und Bluewashing sind ihre Fachbegriffe (Franz 2019, S. 131 f.). Sie weisen darauf hin, dass es immer noch viele Unternehmen gibt, die Nachhaltigkeit zwar auf ihre Fahnen schreiben, aber hinter diesen Fahnen Standards des Umwelt- und Arbeitsschutzes missachten und Nachhaltigkeit nur als Marketinginstrument sehen und damit zweckentfremden. Hierzu gehört die bereits genannte Verlagerung von Produktionsstätten in Billiglohnländer, in denen Umwelt- und Arbeitschutz noch kaum eine Rolle spielen. Dazu gehört aber auch die geplante Obsoleszenz, also das Herstellen von Produkten, die nach einer festgelegten Zeit ihre Funktion aufgeben und nicht repariert werden können. Dahinter steckt zweifelsfrei eine hohe Ingenieurskunst, denn es ist nicht trivial, Geräte derart zu entwickeln, dass sie zu einer bestimmten Zeit ihre Funktion aufgeben. Aber diese, zumeist ökonomiegesteuerte Kunst macht dem Beruf des Ingenieurs und der Ingenieurin keine Ehre. Denn es gehört seit jeher zu ihrem Selbstverständnis, Produkte zu entwickeln, die zuverlässig, langlebig und reparaturfähig sind. Die Liste kontranachhaltiger Entwicklungen könnte noch beliebig fortgesetzt werden. Aber diese beiden Beispiele verdeutlichen bereits, wie schädlich und verwerflich kontranachhaltige Entwicklungen für Mensch und Natur sind. Sie sind eine gravierende Missachtung der Menschenwürde.

5.3 Fazit

Es wurde gezeigt, dass bei der nachhaltigen Entwicklung technischer Produkte nicht nur seine Nutzungsphase zu beachten ist, sondern gleichrangig auch die beiden vorlaufenden Phasen der Gewinnung der benötigten Rohstoffe und der Produktion und die nachfolgende Phase der Entsorgung und des Recyclings. In jeder dieser vier Phasen ist die Bedingung nachhaltiger Entwicklung dann und nur dann erfüllt, wenn nicht nur die technischen Aspekte berücksichtigt werden, sondern gleichermaßen auch die humanen, sozialen und ökonomischen. Damit dies gelingt bedarf es einer nachhaltigen Ökonomie *und* einer nachhaltigen Ingenieurwissenschaft, die in Bezug auf diese Aspekte am gleichen Strang ziehen.

Literatur

Braungart M, McDonough W (2014) Cradle to cradle. Einfach intelligent produzieren. Piper, München

Burckhardt G (2013) Billige Kleidung – und ihr Preis. Blätter für deutsche und internationale Politik 1, S 13–16. ▶ https://www.blaetter.de/ausgabe/2013/januar/bil-lige-kleidung-und-ihr-preis. Zugegriffen: 11. Sept. 2021

Deutscher Bundestag (2021) Entwurf eines Gesetzes über die unternehmerischen Sorgfaltspflichten in Lieferketten. ▶ https://www.bundestag.de/dokumente/textarchiv/2021/kw23-de-lieferkettengesetz-845608. Zugegriffen: 11. Sept. 2021

Eisenriegler S (Hrsg) (2020) Kreislaufwirtschaft in der EU. Springer, Heidelberg

Europäische Union (2017) Verordnung (EU) 2017/1369 des europäischen Parlaments und des Rates vom 4. Juli 2017 zur Festlegung eines Rahmens für die Energieverbrauchskennzeichnung und zur Aufhebung der Richtlinie 2010/30/EU. Z.B. ▶ https://eur-lex.europa.eu/eli/reg/2017/1369/oj?locale=de. Zugegriffen: 11. Sept. 2021

Franz JH (2019) Warum die Gestaltung der Zukunft der Philosophie bedarf. In Berr K, Franz JH (Hrsg) Zukunft gestalten. Digitalisierung, Künstliche Intelligenz (KI) und Philosophie. Verlag für wissenschaftliche Literatur Frank & Timme, Berlin, S 129–138

Kant I (1787) Kritik der reinen Vernunft. 2. Auflage. Zitiert nach: ders. (1968): Kants Werke. Akademie Textausgabe III. Berlin, Walter de Gruyter

Meyer L, Schroeder R (2013) Cradle to cradle. Utopie oder Zukunftsvision? ▶ www.philotec.de/MenüpunktInhalte/Fragestellungen/NachhaltigeEntwicklung. Zugegriffen: 11. Sept. 2021

Technik und Wissenschaft im 21. Jahrhundert

Inhaltsverzeichnis

J. H. Franz, *Nachhaltige Entwicklung technischer Produkte und Systeme*,
https://doi.org/10.1007/978-3-658-36099-3_6

Technik und Wissenschaft haben die Welt verändert und neue Weltbilder geschaffen (jhf).

Dieses Kapitel richtet nach einer kurzen Einführung (▶ Abschn. 6.1) seinen Blick auf eine Auswahl von Schlüsseltechnologien des 21. Jahrhunderts, darunter biologische Artefakte und das human enhancement (▶ Abschn. 6.2), die virtuelle Realität (▶ Abschn. 6.3), die Digitalisierung, die künstliche Intelligenz (KI) und das autonome Fahren (▶ Abschn. 6.4). Diese Technologien sind das Ergebnis von Einzelwissenschaften, die zunehmend miteinander verschmelzen (▶ Abschn. 6.5). Mehr denn je ist innerhalb dieser Wissenschaften und ihres Fortschritts auf Nachhaltigkeit und auf eine Humanisierung der Technik zu achten (▶ Abschn. 6.6). Das Kapitel schließt mit einem Fazit (▶ Abschn. 6.7).

6

6.1 Einführung

Es ist bemerkenswert, dass seit Anbeginn der Technik und Wissenschaft sich die Geschwindigkeit ihres Fortschritts beständig erhöht hat, unabhängig davon, wie dieser Fortschritt nun beurteilt und bewertet wird. Es ist aber nicht nur die quantitative Änderung der Geschwindigkeit, sondern vor allem die Änderung in der Qualität des Fortschritts die beachtenswert ist und zu einer Reflexion herausfordert. Die wesentlichen Fragen dabei sind: Von welcher Art ist der Fortschritt in der Technik und der Wissenschaft? Ist ihr Fortschritt tatsächlich ein Fortschritt? Für wen ist er ein Fortschritt? Was ist überhaupt Fortschritt? Und was bedeutet der Fortschritt von Technik und Wissenschaft für den Menschen, die Gesellschaft, die Natur und Kultur? Da diese Fragen für das 21. Jahrhundert besonders bedeutsam sind, wird in den folgenden Abschnitten die Entwicklung der Technik und der Wissenschaft in diesem noch jungen 21. Jahrhundert kurz und exemplarisch skizziert.

6.2 Artefakte und Biofakte

Im 21. Jahrhundert wird die Technik den Alltag des Menschen vermutlich in zumindest zwei grundlegenden Arten und Weisen beeinflussen (Franz 2014, S. 183 ff.): Zum einen indirekt durch neue technische Mittel, Produkte und Artefakte und zum anderen direkt durch eine technikgestützte Manipulationen des Menschen selbst, beispielsweise durch Modifikation oder Manipulation seines Körpers, seines Gehirns oder gar seiner Gene. Da der Begriff der Manipulation einen schlechten Ruf hat, ziehen Wissenschaftlerinnen und Ingenieure es vor, von Optimierung, Verbesserung, Leistungs- oder Funktionssteigerung zu sprechen. Die Steigerung der menschlichen Leistungsfähigkeit, das human enhancement, ist keine neue Idee. Doping im Sport und auch das Trinken von Kaffee sind Arten der humanen Leistungssteigerung oder Optimierung. Mit den jüngsten Fortschritten in Wissenschaft und Technik wird allerdings die Möglichkeit der Steigerung der menschlichen Fähigkeiten auf ein Niveau gehoben, welches das Selbstverständnis des Menschen als Mensch berührt. So wird beispielsweise die Nanotechnologie vermutlich zukünftig die Möglichkeit bieten, winzig kleine aber sehr leistungsstarke Nanochips direkt in das menschliche Gehirn zu implementieren. Je nach Bedarf werden damit die kognitiven Fähigkeiten gesteigert, die Entscheidungskraft gestärkt, Gefühle besser kontrolliert oder die Fähigkeit zum adäquaten Handeln in spezifischen Handlungssituationen verbessert. Die gezielte Beeinflussung der menschlichen Gene wird darüber hinaus eine Optimierung des Menschen im Hinblick auf viele weitere Fähigkeiten ermöglichen, wie beispielsweise künstlerische, musikalische oder praktische. Auch die Immunisierung gegenüber bestimmten Krankheiten oder die Reparatur genetischer Defekte ist zumindest denkbar.

Mittels komplexer wissenschaftsgestützter Techniken und Technologien wird auch die Möglichkeit der Produktion biologischer Artefakte oder Biofakte eröffnet, die zumindest äußerlich kaum noch einen Unterschied oder gar keinen zum natürlichen Menschen erkennen lassen. Die Technik des Klonens wird, wenn keine hinreichenden, staatenübergreifenden, gesetzlichen Grenzen gesetzt werden, auch vor dem Menschen vermutlich nicht halt machen und vielfältige Fragen aufwerfen. Welche Rechte haben geklonte Menschen? Stehen sie unter dem Schutz der Menschenrechte? Sind sie Subjekt oder Objekt? Oder sind sie nur ein Warenlager für Organe, die bei natürlichen Menschen zur Organtransplantation benötigt werden? Werden durch sie Organspendeausweise überflüssig? Dies klingt zwar wie Science Fiction, aber es ist bereits offensichtlich, dass der Begriff der Fiktion im Schwinden begriffen ist. Es ist bekannt, dass die Entwicklung der Nano-, Neuro- und Gentechnologie gegenwärtig in vielen Ländern eine überdurchschnittlich hohe finanzielle Unterstützung seitens der Industrie und öffentlicher Institutionen erfährt. Die Fiktion wird zur Realität: Der Mensch wird durch Genmanipulation und neuronale Verbesserungen (neuro enhancement) in jeder nur denkbaren Hinsicht optimiert. Er wird mit der Technik verschmelzen und damit seine natürlichen, menschlichen Fähigkeiten künstlich transzendieren (Transhumanismus). Eine sehr gute Einführung in den Transhumanismus gibt beispielsweise Janina Loh in ihrem Buch *Trans- und Posthumanismus zur Einführung* (2020, siehe auch Loh 2019, S. 177 ff.).

So wie früher meist heranwachsende Jugendliche an ihren Mopeds herumgebastelt haben, um diese ein wenig schneller als gesetzlich zulässig zu machen (man nannte es frisieren), so wird heute, salopp gesprochen, am eigenen Köper herumgeschraubt, um ihn in seiner mentalen und physischen Leistungsfähigkeit zu steigern. Mit dieser technischen Selbstoptimierung oder »Selbstobjektivierung« (Habermas 2006, S. 670) verdinglicht sich der Mensch und wandelt sich selbst vom Subjekt zum Objekt. Sein Menschsein nähert sich damit dem Maschinensein. Auf der anderen Seite nähern sich Maschinen in ihrem Sein, vor allem durch die rasante Entwicklung von Systemen künstlicher Intelligenz (siehe unten), immer mehr dem Sein eines Menschen. Dies bedeutet: Es ist denkbar, dass der Unterschied zwischen dem Natürlichen und Künstlichen verschwindet. Da die Folgen und Probleme dieser beachtlichen Fortschritte – wenn es in der Tat Fortschritte sind – einen unmittelbaren Einfluss auf die Selbstwahrnehmung und das Selbstverständnis des Menschen haben, sind sie ein zentrales Thema der Philosophie. Es gibt diesbezüglich also einen akuten Bedarf an philosophischer Reflexion, der auch im Bereich der Wissenschaften, die Ingenieurwissenschaften eingeschlossen, von Bedeutung ist. Weil die mit der Produktion von humanen Biofakten und Systemen künstlicher Intelligenz verknüpften Probleme unweigerlich ethische Folgeprobleme implizieren, ist auch in diesem Feld eine fachbereichsübergreifende, kritisch-philosophische Auseinandersetzung unerlässlich, an der selbstverständlich auch die Ingenieurwissenschaften maßgeblich mitwirken sollten. Seitens der theoretischen Philosophie steht vor allem die Frage nach der Differenz des Natürlichen und des Künstlichen im Fokus der Untersuchung. Eine erste Antwort auf diese Frage begründete bereits Aristoteles in seiner *Physica* (Aristoteles Physica, Buch II, Kap. 1, 192b). Sie lautet sinngemäß: Im natürlichen Wesen ist der Ursprung der Bewegung und der Handlung angeboren, während dies bei Artefakten nicht der Fall ist. Diese Antwort hatte bis in die jüngste Gegenwart Bestand. Der Unterschied zwischen natürlichen Wesen und Artefakten schien selbsterklärend zu sein. Das 21. Jahrhundert scheint nach einer neuen Antwort suchen zu müssen.

6.3 Realität und Virtualität

Eine zweite Änderung in der Qualität des technischen und technologischen Fortschritts im 21. Jahrhundert betrifft die sukzessiv abnehmende Differenz zwischen Realität und Virtualität. Es ist der Begriff des Cyberspace, der mit diesem Fortschritt unmittelbar verknüpft ist und erneut die Frage nahe legt, ob damit de facto ein Fortschritt verknüpft ist. Denn nicht jeder technische Fortschritt ist auch zugleich ein humaner, sozialer und nachhaltiger Fortschritt. Der Präfix Cyber ist altgriechischen Ursprungs und korrespondiert mit dem Begriff der Kontrolle. Die möglichen Folgen des Cyberspace auf den Menschen sind so drastisch, dass bereits eine neue Unterdisziplin der Philosophie, die Cyberphilosophie, etabliert wurde, um die Bedeutung des Cyberspace für Mensch und Gesellschaft zu ergründen. Das Cyberspace eröffnet beispielsweise dem Menschen die Möglichkeit, ein neues oder zweites Leben (second life) in einer virtuellen Welt zu beginnen. Das visionäre, technische Ziel des Cyberspace ist, das menschliche Gehirn direkt mit dem Computer oder dem Internet zu verbinden. Hierdurch wird dem Menschen ermöglicht, zeitweise eine neue Existenz innerhalb des Computers oder des Internets anzunehmen. Anstatt vor dem Computer zu sitzen, um beispielsweise Computerspiele auszuführen, bietet die Cybertechnologie ihren Nutzern die Gelegenheit, sich quasi vollständig in das Spiel zu übertragen oder ins Netz zu laden. Auf diese Weise werden sie selbst Teil des Spiels in einer virtuellen Welt. Während die Schnittstelle, die das menschliche Hirn mit dem Computer oder dem Internet verbindet, noch Gegenstand der aktuellen Forschung ist, ist ein anderes Cyberprodukt, das unter dem Begriff der angereicherten Realität (enhanced reality) bekannt ist, bereits Wirklichkeit. Spiele, die auf der Technik der angereicherten Realität basieren, sind zumeist Spiele im Freien. Bei diesen Spielen tragen die Spieler spezielle Cyberbrillen, durch die sie eine durch Virtualität angereicherte Realität sehen. Zum Beispiel sehen sie die tatsächlich vorhandenen Straßen, Autos und Gebäude derjenigen Stadt, in der sie sich befinden. Darüber hinaus sehen sie aber zum Beispiel noch wilde und gefährliche Tiere, die sie gemäß den Spielregeln in den wirklichen Straßen aufspüren, fangen oder mittels virtueller Waffen erlegen müssen. Diese Spiele sind nur eine Anwendung unter sehr vielen. Cybertechnische Applikationen finden sich heute nahezu in allen Bereichen, beispielsweise in der Bildung, der Wissenschaft, der Medizin, der Architektur, in der Produkt- und Raumplanung, im Produktdesign, in Museen und in der Kunst. Auch die zunehmende Cyberkriminalität, die Gefahr eines Cyberwar und die daraus resultierende politische Forderung einer Cyberarmee sind hier zu nennen. Es ist gegenwärtig selbst bei größter Phantasie kaum vorstellbar, in welcher Weise und in welchem Ausmaß cybertechnische Anwendungen das individuelle, reale Leben des Menschen und ihr Sozialleben verändern werden. Dennoch scheint zumindest bereits die folgende Behauptung plausibel und zutreffend: Es ist denkbar, dass die Unterscheidung zwischen Realität und Virtualität in Zukunft nicht mehr getroffen werden kann.

6.4 Digitalisierung, künstliche Intelligenz, autonome Fahrzeuge

Künstliche Intelligenz, autonome Fahrzeuge und Digitalisierung sind drei weitere technische Schlüsselbegriffe des 21. Jahrhunderts. Alle drei Bereiche werden das Leben des Menschen und der Gesellschaft entscheidend verändern. Sie können das Leben des Einzelnen sowie das gesellschaftliche Leben bereichern, aber nicht zwingend, sondern nur sofern sie gemäß den Grundsätzen der Nachhaltigkeit entwickelt werden.

(i) Digitalisierung

Ältere Ingenieurinnen und Ingenieure der Bereiche Nachrichtentechnik, Kommunikationstechnik oder Informationstechnik, die heute bereits im Ruhestand sind, werden sich sicherlich noch an ein Fach in ihrer Studienzeit erinnern, das Digitaltechnik oder so ähnlich hieß. Die Digitalisierung, die heute in allen Bereichen gefordert wird, vom Bund bis hin zu den Kommunen, von Großkonzernen bis hin zu kleinen mittelständischen Handwerksbetrieben, vom öffentlichen Sektor bis hin zum privaten Bereich, hat also bereits eine Geschichte, die in den 30iger Jahren begann. Digitalisierung bedeutete in dieser Zeit die technische Umwandlung analoger Signale in digitale Signale und damit in eine Folge von Nullen und Einsen. Es war ein Meilenstein der Informationstechnik, ohne die es heute keine schnellen Computer gäbe, keine Smartphones, kein Internet, keine sozialen Medien, keine E-Reader, kein Online-Shopping, kein Online-Banking, kein Streaming und kein Homeoffice.

Dieser Meilenstein kommt einem technischen Wunder gleich. Denn wie kann beispielsweise die menschliche Sprache in eine Folge von Nullen und Einsen gewandelt werden und vor allem wie kann diese Zahlenfolge wieder in Sprache zurückgewandelt und in einem Lautsprecher oder Kopfhörer hörbar gemacht werden? In der Technik gibt es keine Wunder. Die Antwort lautet: man taste das analoge Sprachsignal in kurzen Zeitabständen ab, quantisiere die Abtastwerte und ordne diesen Werten ein Codewort aus Nullen und Einsen zu. Bei der Quantisierung entsteht allerdings ein kleiner Fehler, der jedoch umso kleiner ist, je feiner man quantisiert, und der umso größer ist, je gröber man quantisiert. Die Rückumwandlung der digitalen Signale in analoge gelingt, grob gesprochen, mit einer sogenannten sample-and-hold-Schaltung (Franz und Jain 2000, S. 364, 382 f.).

Die Vorteile der Digitalisierung waren und sind aus technischer Sicht gewaltig. Denn während bei der analogen Übertragung sich bereits kleine Fehler bemerkbar machten und beispielsweise den Musikgenuss erheblich störten, können bei der digitalen Übertragung kleine Fehler, meist verursacht durch Rauschen, im Empfänger erkannt und sogar korrigiert werden (Kanalcodierung). Da die Digitalisierung bei allen Signalen angewandt werden kann, also bei Sprache, Musik, Bilder, Videos usw., gab es letztlich nicht mehr eine Vielfalt sehr unterschiedlicher Signale, sondern nur noch einheitliche Signale oder Zahlenreihen aus Nullen und Einsen, die gleichzeitig über ein gemeinsames Übertragungsnetz übermittelt werden konnten. Dies war in sukzessiver Folge die Geburtsstunde des Integrated Services Digital

Networks (ISDN), des VoIP und des Internets. Mit dem Aufkommen der Quellencodierung, wie beispielsweise das mp3-Verfahren, die das Datenvolumen der zu übertragenden Digitalsignale deutlich verringert, wurde nun auch erheblich Bandbreite eingespart, was zur Folge hatte, dass nunmehr gleichzeitig weitaus mehr Signale über eine Leitung übertragen werden konnten, als zuvor mittels der analogen Technik. Diese vorwiegend technischen Vorteile ersetzten die analoge Technik schließlich binnen kurzer Zeit.

Mit der rasanten Ausbreitung des digitalen Internets wurde schließlich die technische Möglichkeit geschaffen, alles was nur digitalisiert werden kann, über dieses globale Netz zu verbinden und zu vermitteln. Und was kann alles digitalisiert werden? Grob gesagt, alles was Strom braucht: Lampen in Wohn- oder Geschäftshäusern, Rollläden, Kaffeemaschinen oder Kühlschränke. Aber auch Dinge, die bislang keinen Strom benötigten, können einbezogen werden, zum Beispiel Kleidungsstücke mit integrierten elektronischen Chips und daran angeschlossene Überwachungssensoren, die den menschlichen Herzschlag oder Puls aufzeichnen. Alle diese Dinge und viele weitere mehr können so über das Internet kontrolliert und gesteuert werden. Es ist das Internet der Dinge (Internet of Things). Wenn heute von der Digitalisierung gesprochen wird, so denkt kaum noch jemand an die Umwandlung analoger Signale in digitale. Digitalisierung ist heute primär ein struktureller Begriff und weniger ein technischer. Es ist ein Begriff, der »medial zu einer vielzitierten Metapher geworden [ist], die geradezu magische Versprechen für die Zukunft bereithält« (Franke 2019, S. 189). Die Digitalisierung ermöglicht vor allem den äußerst schnellen Austausch und die nahezu blitzschnelle Verarbeitung großer Datenmengen, vor allem in Verbindung mit Systemen künstlicher Intelligenz. Sie ist auch ein politischer Begriff geworden. So gab es zur Bundestagswahl 2021 nahezu kein Wahlprogramm in dem dieser Begriff nicht vielfach vorkommt. Und es ist vor allem ein ökonomischer Begriff. Denn »Triebfeder zur Digitalisierung ist wirtschaftliche Expansion (Wachstumsprinzip) und intendierte Vorherrschaft« (ebd.). Bei allen Vorteilen, welche die Digitalisierung bietet, sollte sie jedoch niemals Selbstweck sein. Digitalisierung der Digitalisierung wegen sollte nicht das Ziel sein.

> **Definition**
>
> Die Digitalisierung ist ein Mittel, ihre Zwecke muss der Mensch setzen, begründen und verantworten.

Es ist also beispielsweise zu fragen, zu welchem Zweck Schulen digitalisiert werden sollen. Oder kann die Digitalisierung beim Schutz des Klimas helfen? Welche Aufgaben und damit Arbeitsplätze werden durch die Digitalisierung überflüssig und welche neuen Aufgaben und Arbeitsplätze entstehen? Wie können Verwaltungen bürgerfreundlich digitalisiert werden? Wie können digitalisierte Personendaten vor Missbrauch geschützt werden? Digitalisierung ermöglicht Online-Konferenzen und Homeoffice und erspart somit Kohlendioxid-intensive Dienstreisen und tägliche Fahrten zum Arbeitsplatz. Andererseits funktioniert auch die Digitalisierung nicht ohne Energie. Große Hallen mit unzähligen Servern, die zudem gekühlt werden müssen, brauchen sehr viel Energie. Und bereits jeder einzelne Aufruf einer Suchmaschine und jedes Versenden eines Photos mittels Smartphone benötigt Energie. Digitalisierung und Nachhaltigkeit müssen Hand in Hand gehen. Nur dann ist die

Digitalisierung eine Bereicherung des individuellen und öffentlichen Lebens. Wir brauchen eine nachhaltige und menschenwürdige Digitalisierung.

Grundsatz

Die Digitalisierung ist nachhaltig und menschenwürdig durchzuführen. Es ist eine Herausforderung, bei der Ingenieurinnen und Ingenieuren eine herausragende Rolle zukommt.

Es darf dabei jedoch nicht vergessen werden, dass die Digitalisierung nicht nur die vielen, oben aufgeführten mehr oder weniger nützlichen Produkte und Dienste hervorbringt, sondern auch eine neue Form von Kriminalität, nämlich die Cyberkriminalität. Zu ihr gehören heute Identitätsdiebstahl, Wahlbetrug, illegaler Zugriff auf fremde Bankkonten, Angriffe auf Unternehmensnetzwerke in Verbindung mit Erpressung und vieles weitere mehr. Auch Cyberwar ist ein Produkt der Digitalisierung. »Weitgehend verborgen vor der Öffentlichkeit ist die Entwicklung maschineller und (teil-)autonomer Kriegsführung (u. a. mit Drohnen und Kampfrobotern). Für viele Menschen nahezu unheimlich ist die Existenz eines sog. Darknet, in dem Menschen bewusst den Zugang zum Internet technisch verschleiern, um spezielle Geschäfte zu tätigen, darunter solche mit kriminellem Hintergrund wie z. B. Waffengeschäfte oder mafiöse Finanzierungen. Auch politische Untergrundaktivitäten werden vielfach über das Darknet organisiert« (a.a.O., S. 190).

(ii) Autonome Fahrzeuge

Die ersten autonomen Fahrzeuge sind bereits nahezu unbemerkt auf unseren Straßen. Bei genauerer Betrachtung ist diese Aussage allerdings falsch. Denn es sind nicht autonome Fahrzeuge auf unseren Straßen, sondern automatische und damit Fahrzeuge, die streng nach einem Softwareprogramm oder implementierten Algorithmus und gesteuert über eine Vielzahl von Sensoren ihren Weg finden und ihm folgen. Ebenso wie bei der künstlichen Intelligenz (siehe unten) haben auch beim Begriff der autonomen Fahrzeuge die Entwickler und Entwicklerinnen etwas übertrieben. Denn der Begriff der Autonomie beschreibt ein Wesensmerkmal des Menschen und nicht einer Maschine. Er stammt aus dem Griechischen und besagt, dass der Mensch selbst (auto) in der Lage ist, sich Gesetze (nomos) oder Regeln zu geben. Diese freie Selbstbestimmung, die mit Selbstachtung einhergeht, prägt die Würde des Menschen.

Es ist durchaus denkbar, dass auch Fahrzeuge eines fernen Tages autonom sind und sich selbst Regeln geben indem sie sich nach einem Lernprozess eigenständig umprogrammieren, ihren Algorithmus ändern oder ihrem künstlichen neuronalen Netz neue Verbindungen und Gewichtungen geben. So wird beispielsweise ein autonomes Fahrzeug nicht mehr in dem Stadtviertel parken, in dem schon einige Male seine Reifen zerstochen wurden. Es wird vielleicht sogar dieses Viertel ganz meiden. Vielleicht wurde es auch durch andere autonome Fahrzeuge vor diesem Viertel gewarnt.

Wollen wir solche Fahrzeuge? Zweifelsfrei bringen solche automatischen und autonomen Fahrzeuge eine Reihe von Vorteilen. Die Insassen eines solchen Fahrzeugs können sich, sofern das Fahrzeug nicht gerade alleine unterwegs ist, um beispielsweise Güter von einem Ort zu einem anderen zu transportieren, während der Fahrt ihrer Arbeit widmen (ähnlich wie im Zug) oder einfach nur entspannen, um erholt am Ziel anzukommen. Vermutlich wird es mit autonomen Fahrzeugen auch weniger Verkehrstote geben. Denn ein autonomes Fahrzeug wird weder unter Alkohol- oder Drogeneinfluss unterwegs sein, noch übermütig zu schnell in eine enge Kurve fahren. Auch die Kommunikation mit anderen autonomen Fahrzeugen wird das Fahrzeug nicht in einer Weise ablenken, wie menschliche Fahrer oder Fahrerinnen, die während der Fahrt mobil telefonieren. Falls wir uns solche Fahrzeuge wünschen, sind diesen Fahrzeugen allerdings Grenzen zu setzen, insbesondere bei der Möglichkeit ihrer eigenen autonomen Umprogrammierung. Kein autonomes Fahrzeug darf sich beliebige neue Regeln geben. So dürfen die Regeln, die sich ein autonomes Fahrzeug gibt, weder gegen das Grundgesetz verstoßen noch gegen die Menschenrechte. So darf es nicht einen Menschen überfahren, um einen Zusammenprall mit einer Mauer zu vermeiden, der dem Fahrzeug einen größeren Schaden zuführen würde als das Überfahren des Menschen. Solche Dilemma-Situation finden sich heute in großer Zahl und sind Inhalt ethischer Debatten. Es sind Situationen, die nicht der Entscheidung des Fahrzeugs überlassen werden sollten, sondern dem Menschen. Es bedarf also Regeln für das Fahrzeug, die das Fahrzeug von sich aus nicht verändern kann und die eine ethische Begründung und Rechtfertigung erfordern. Hierzu braucht es eindeutige politische Rahmenbedingungen. Und an der Entscheidung, welche Bedingungen dies sind, sollten auch ethisch gebildete Ingenieure und Ingenieurinnen beteiligt sind.

(iii) Künstliche Intelligenz

Aus technikphilosophischer Sicht zeigen sich Systeme künstlicher Intelligenz als technische Werkzeuge. Wie jedes andere technische Werkzeug oder technische Produkt sind somit auch Systeme künstlicher Intelligenz grundsätzlich ambivalent. Dies bedeutet, sie können sowohl gebraucht, als auch missbraucht werden, sie können erwünschte als auch unerwünschte Folgen haben.

Als technisches Werkzeug vermögen Systeme oder Produkte künstlicher Intelligenz außerordentlich große Datenmengen in kürzester Zeit zu erfassen, mittels Algorithmen auszuwerten und dem Nutzer dieses Werkzeugs bereitzustellen. Aus qualitativer Sicht ist dies keine sonderlich hervorzuhebende Neuerung. Datenerfassung und Datennutzung gibt es seit es Menschen gibt. So haben bereits die Menschen in der Steinzeit das Wetter beobachtet (Datenerfassung) und haben daraus Schlüsse auf die Aussaat und die Ernte gezogen (Datennutzung). Mit der Entwicklung der Technik wurde die Datenerfassung und die Datennutzung zunehmend automatisiert und beschleunigt. Nach und nach hielten Datenerfassung und Datennutzung Einzug in nahezu alle Bereiche der Wissenschaft und über diese in den Alltag des menschlichen Lebens. Im Bereich der Technik ist es beispielsweise seit jeher gang und gäbe, die Betriebsdaten technischer Systeme zu erfassen, um ihre ordnungsgemäße Funktion zu kontrollieren und ihr Verhalten zu steuern und zu regeln. Solche auf Datenerfassung basierenden Regelkreise finden sich in nahezu jedem technischen Produkt, angefangen vom Eierkocher über den Kühlschrank und das Radiogerät bis hin zu Computern und Mobilfunkgeräten. Ingenieurinnen und Ingenieure sind mit dieser Technik bestens vertraut. In der Ökonomie werden Wirtschaftsdaten erfasst, um beispielsweise die Produktion und die Vermarktung von Produkten entsprechend zu steuern. In der Medizin dient die Datenaufnahme der Kontrolle des Gesundheitszustandes des Patienten und der Entscheidung über adäquate Therapiemaßnahmen. In den Sozialwissenschaften dienen Daten, die im letzten

Jahrhundert noch durch sogenannte Volksbefragungen erfasst wurden, zur Erstellung eines gesellschaftlichen Gesamtbildes, um bei Bedarf gezielt in die gesellschaftliche Entwicklung einzugreifen.

Das Grundmuster ist also in allen Bereichen das Gleiche. Es werden Daten eines technischen, ökonomischen, ökologischen, biologischen oder sozialen Systems erfasst, um es einerseits zu kontrollieren und andererseits bei Bedarf gezielt zu steuern, zu regeln und damit zu beeinflussen. In diesem Grundmuster ist bereits die oben genannte grundsätzliche Ambivalenz angelegt. Technische Systeme können über eine Erfassung ihrer Daten im Sinne ihrer implementierten und vom Kunden gewünschten Funktion geregelt werden. Sie können aber auch gezielt und in betrügerischer Weise manipuliert werden, wie beispielsweise der heute immer noch nachwirkende Diesel- oder Abgasskandal zeigt. Datenerfassungen von gesellschaftlichen Systemen ermöglichen Schwächen aufzuzeigen (Zunahme von Armut oder sozialer Ungerechtigkeit), denen dann gezielt entgegengewirkt werden kann. Eine permanente gesellschaftliche Datenerfassung ermöglicht aber auch eine gezielte Überwachung und eine gezielte Manipulation der gesellschaftlichen Entwicklung, beispielsweise im Sinne einer Ideologie. In totalitären Staaten schreckt man von diesen technischen Möglichkeiten der Überwachung, Kontrolle und Steuerung seiner Bürger und Bürgerrinnen nicht zurück. »Die Macht geht mitten durch den Bürger hindurch und lenkt seine Motive so, dass er genau das will, was er wollen soll.« (Assheuer 2017). Es ist die Praxis einer »kybernetischen Politik, die den Bürger zum Komplizen seiner eigenen Überwachung macht« (ebd.).

Alles dies ist, wie gesagt, nicht neu. Die Neuerung, die mit Systemen künstlicher Intelligenz einhergeht, ist damit keine qualitative. Sie ist eine quantitative. Systeme künstlicher Intelligenz erlauben eine Datenerfassung und Datenauswertung in einem bislang völlig unbekannten Ausmaße. Heute werden nicht nur permanent Personendaten erfasst, sondern auch Daten von Alltagsgegenständen. Mit dem Internet der Dinge und den Smart Homes wird die Menge erfasster Daten noch drastisch ansteigen. Jede Steckdose, jede Lampe, jedes Küchengerät, jedes Rundfunk- und Fernsehgerät, jedes Fenster und jede Tür werden mit dem Internet verbunden sein, ihre Daten ins Netz senden und damit ein Profil ihrer Nutzer liefern. Intelligente persönliche Assistenten, die den ganzen Tag mithören, senden zusätzlich Daten ihrer Besitzer und ihrer Verwandten und Bekannten, die gerade anwesend sind, ins Netz.

Im 19. Jahrhundert haben sich Tausende von Menschen auf den gefährlichen Weg zum Klondike River aufgemacht, um dort Gold zu schürfen und reich zu werden. Das Gold des 21. Jahrhunderts sind die Daten. Und um diese zu schürfen, muss man keine weiten, gefährlichen Wege auf sich nehmen, sondern kann Zuhause bleiben. Man muss auch nicht mühselig und schweißtreibend graben oder schürfen. Denn das Datengold wird einem frei Haus geliefert. Global agierende Unternehmen werden von diesem Datengold nahezu überschüttet. Sie brauchen dazu keine Schaufel und keinen Spaten, sondern lediglich Algorithmen. Und da diese Unternehmen ungern ihr Gold mit anderen teilen, werden diese Algorithmen auch bestmöglich vor den Augen anderer gehütet. Und dennoch besteht eine Gemeinsamkeit mit den Goldschürfern des 19. Jahrhunderts. Wer am Klondike River das große Glück hatte eine ergiebige Goldmine zu ergattern, wurde nicht nur reich, sondern auch mächtig. Ebenso heute. Wer im Besitz der Daten ist, ist auch im Besitz von Macht. Und diese kann, wie die Geschichte der Menschheit zur Genüge lehrt, missbraucht werden. Und genau hierin liegt eine besondere Gefahr der Nutzung von Systemen künstlicher Intelligenz. Oder genauer gesagt: Nicht die Systeme künstlicher Intelligenz sind gefährlich. Sie sind lediglich ein Werkzeug. Sie sind ebenso ein Werkzeug wie ein Hammer, der sich vorzüglich zum Bauen von Häusern eignet, mit dem aber auch Menschen erschlagen werden können und auch schon erschlagen wurden. Systeme künstlicher Intelligenz können vorzüglich im Bereich der Medizin zur Diagnose und damit zum Wohle des Menschen eingesetzt werden. Sie können aber auch zur Stärkung der Macht und zum Missbrauch der Macht eingesetzt werden. Nicht die künstliche Intelligenz ist also zu fürchten, sondern diejenigen Institutionen, die nach der Macht der Daten und der Algorithmen streben, um diese allein zu ihrem eigenen Vorteil oder im Interesse einer Ideologie zu nutzen, sprich zu missbrauchen.

Verglichen mit der Gefahr des Missbrauchs der Daten und der damit verknüpften Macht, ist die Gefahr, dass mit künstlicher Intelligenz ausgestattete Androiden oder Biofakte eines Tages den Menschen übertrumpfen oder sogar ausrotten, marginal, wahrscheinlich sogar nur eine Illusion. Die Gefahr des Daten- und Machtmissbrauchs mittels künstlicher Intelligenz ist real und gegenwärtig. Die Gefahr der Auslöschung der Menschheit durch Androiden ist irreal und utopisch. Woher kommt aber die Angst vor diesem utopischen Szenario? Sie kommt vermutlich daher, dass der Begriff der künstlichen Intelligenz zu wenig hinterfragt und reflektiert und künstliche und menschliche Intelligenz kaum hinreichend differenziert werden.

Ebenso wie bei den autonomen Fahrzeugen, wird bei der künstlichen Intelligenz auf einen Begriff zurückgegriffen, der bislang ausschließlich Menschen zugeschrieben wurde: die Intelligenz. Können technische Systeme überhaupt Intelligenz haben? Die Frage ist heute umstritten und hängt primär von der Antwort auf die Frage ab, was Intelligenz ist. Denn neben der Intelligenz gibt es den Verstand (die ratio), die Vernunft und den Begriff des menschlichen Geistes. Alle diese Begriffe werden im Alltag häufig synonym verwendet. Dabei besteht zwischen ihnen ein deutlicher Unterschied, der vor allem in der Philosophie aufgezeigt wurde. So unterschied beispielsweise der berühmte in Königsberg geborene und bis zum Lebensende in Königsberg wohnende und arbeitende Immanuel Kant deutlich zwischen Verstand und Vernunft. »Der Verstand macht für die Vernunft ebenso einen Gegenstand aus, als die Sinnlichkeit für den Verstand« (Kant: KrV, B 692, A 664). Aber auch bereits viele Jahre vor Kant wurde diese Unterscheidung schon getroffen, zum Beispiel im ausgehenden Mittelalter durch den an der Mittelmosel geborenen Nikolaus von Kues (Cusanus), dessen Werk noch heute ausgesprochen modern ist, vor allem auch in Bezug auf Wissenschaft, Technik und Nachhaltigkeit (Franz 2017).

Der Verstand erfasst somit die Sinnesdaten, ordnet sie, setzt sie in Relation und bringt sie unter empirische Gesetze. Die Vernunft betrachtet die Verstandeskenntnis aus dem Blickwinkel eines systematischen und urteilenden Ganzen. Und sie entwickelt Ideen – die Idee der Unsterblichkeit, die Idee der Freiheit, die Idee eines höchsten Gutes oder einfach nur Ideen neuer geistiger oder materieller Produkte. Sie ist das Vermögen der Prinzipien, der Regeln und der Wesensbestimmung. Aus sich selbst heraus vermag die Vernunft a priori Sittengesetze zu entwickeln und plausibel zu begründen. Sie steht folglich über der Ratio und vermag die Ergebnisse der Ratio in einen größeren Zusammenhang zu stellen und zu beurteilen, z. B. in moralischer Hinsicht. Sie fungiert nach Kant gegenüber dem Verstand als oberster

Gerichtshof (Kant 1787, KrV B 697) und damit als Richterin des Verstandes. Sie ist das Maß des Verstandes, der Ort der Kreativität und der schöpferischen Kraft. Vernunft und Verstand sind also keineswegs dasselbe.

Die Intelligenz wird zumeist synonym zum Begriff der Vernunft verwendet. So auch wieder Kant, der in Übereinstimmung mit der Tradition vernünftige und intelligente Wesen gleichsetzt. »Nun ist ein Wesen, das der Handlungen nach der Vorstellung von Gesetzen fähig ist, eine Intelligenz (vernünftig Wesen) [...]« (Kant 1788, KpV A225 f.). Vernunft und Intelligenz gehen also Hand in Hand und sind dem Verstand in einer Weise übergeordnet, wie der Verstand der Sinneswahrnehmung. Alle drei gemeinsam repräsentieren den menschlichen Geist (mens) als Ganzes.

Systeme künstlicher Intelligenz, dies wird hieraus deutlich, bilden allein die Leistung des menschlichen Verstandes (der ratio) nach und damit die natürliche, menschliche Fähigkeit, Daten (zum Beispiel Sinnesdaten) aufzunehmen und zu verarbeiten, nicht aber die seiner Vernunft. Und wie heute bekannt ist, sind diese Systeme in ihrer rationalen Fähigkeit dem Menschen bereits in vielen Bereichen deutlich überlegen, vor allem aufgrund ihrer Schnelligkeit.

Zur menschlichen Intelligenz gehören seine schöpferische Phantasie, sein Ideenreichtum und seine Erfindungsgabe, also im Grunde alles Eigenschaften, die auch einen tüchtigen Ingenieur und eine tüchtige Ingenieurin auszeichnen. Wenn auch Systeme künstlicher Intelligenz diese Merkmale haben, dann sind sie vielleicht die zukünftigen Ingenieurinnen und Ingenieure. Müssen wir dies befürchten? Schauen wir genauer hin. Bei Systemen künstlicher Intelligenz wird heute üblicherweise zwischen schwacher und starker künstlicher Intelligenz unterschieden. Systeme schwacher Intelligenz sind heute bereits in vielen Bereichen im Einsatz, meist ohne das es die Nutzer und Nutzerinnen bemerken, beispielsweise in Navigationssystemen, in Übersetzungsprogrammen, in Suchmaschinen, in Sprachassistenten oder beim Online-Shopping. Sie schreiben selbstständig kleine Artikel und Berichte, beispielsweise Sport- oder Wirtschaftsmeldungen und sind als Social Bots in den sozialen Medien aktiv. Systeme schwacher künstlicher Intelligenz sind inzwischen auch in der Lage, komplexere Texte zu verfassen und es ist nicht auszuschließen, dass sie zukünftig sogar als Autoren oder zumindest als Co-Autoren auftreten (Weßels 2021). Während also heute noch die manuelle cut-and-paste-Methode genutzt wird, um das eigene Denken zu vermeiden, werden zukünftig Systeme schwacher künstlicher Intelligenz uns die mühselige Arbeit des selbstständigen Denkens abnehmen. »Ich habe nicht nötig zu denken, wenn ich nur bezahlen kann; andere werden das verdrießliche Geschäft schon für mich übernehmen«, schrieb Immanuel Kant in seiner gegen das Nichtdenken gerichteten Schrift *Was ist Aufklärung?*, wobei er an Personen dachte, die einem das Denken abnehmen, aber noch nicht an technische Systeme (Kant 1784, Was ist Aufklärung? S. 35). Im Internet sind diese Systeme heute bereits derart umtriebig, dass man beim Ausfüllen und Absenden von Formularen, Kontaktanfragen oder Ähnlichem bereits regelmäßig gefragt wird, ob man ein Roboter ist oder nicht. So wird man beispielsweise in sogenannten Captchas aufgefordert aus einem neunteiligen Bild, diejenigen Bildteile anzuklicken, die kein Straßenschild beinhalten. Oder man wird aufgefordert, eine für Roboter und leider häufig auch für Menschen schwer lesbare Zeichenfolge einzugeben. Es sind zwei Tätigkeiten, die Systeme künstlicher Intelligenz derzeit noch überfordern.

Systeme künstlicher Intelligenz kommen heute vor allem überall dort zum Einsatz, wo große Datenmengen anfallen, die in kürzestes Zeit auszuwerten sind.

6

Dies ist aber keine intelligente Leistung, sondern eine rationale. Systeme künstlicher Intelligenz sind also genau genommen Systeme künstlicher Rationalität. Und hierin sind sie dem Menschen in vielen Bereichen weitaus überlegen. Und deshalb liegt gerade hierin ihr hauptsächlicher Nutzen. Solche Systeme können größte Datenmengen, die im Rahmen der Digitalisierung noch deutlich zunehmen werden, in kürzestes Zeit erfassen und analysieren (Big Data Analytics). Sie kommen daher vor allem in Bereichen zum Einsatz, in denen solche große Datenmengen anfallen und das wird in Zukunft nahezu jeder Bereich sein; in der Medizin, der Pflege (Pflegeroboter), der Produktion (Kontrolle und Wartung von Produktionsmaschinen), der Sicherheit und Kriminalistik (Gesichtserkennung, Fahndung), den Natur-, Ingenieur- und Sozialwissenschaften (Echtzeitsimulation), den Rechtswissenschaften (rasche Erfassung juristisch ähnlicher Fälle), der Psychologie, im Markeking und Vertrieb, der Architektur (intelligente Häuser) und besonders stark im Bereich des Militärs. Der künstlichen Intelligenz sind scheinbar keine Grenzen gesetzt, sofern der Mensch ihnen keine Grenzen setzt. Und diese Grenzen sollte er setzen.

Obgleich Systeme schwacher Intelligenz heute bereits weit verbreitet sind, wird über sie in den Medien kaum berichtet. Im Interesse der Medien stehen vor allem die starke künstliche Intelligenz und damit Systeme, die den Menschen nachbilden. Solche Systeme gibt es derzeit noch nicht, abgesehen von Prototypen, die aber vom Menschsein noch meilenweit entfernt sind, je nachdem welchen Begriff man vom Menschen hat. Aber gerade diese Syteme regen die Phantasie des Menschen an und sind bereits Inhalt zahlreicher Science Fiktion Romane und Filme. In einigen können diese Systeme, die sogenannten Androiden, sich selbst reproduzieren und sind auf die Spezies Mensch nicht mehr angewiesen. Der Mensch wird dann entweder geduldet, als Haustier gehalten oder gar ausgerottet. Kein Wunder, dass diese Geschichten unter sensiblen Menschen eine gewisse Furcht und Angst vor der künstlichen Intelligenz auslösen. Lediglich im Roman *Maschinen wie ich* von Ian McEwan (2019) läuft die Geschichte anders. Denn hier zerstören sich die Androiden lieber selbst, »als weiterhin mit so viel schlecht programmierter Biomasse zusammenzuleben« (Radisch 2019), wie sie es beim Menschen vorfinden. Doch sind solche Szenarien überhaupt realistisch? Die Antwort hängt davon ab, welche Wesensmerkmale den Menschen als Menschen auszeichnen und ob diese Merkmale technisch realisiert werden können. Es sind zumindest drei Merkmale, die hier zur Debatte stehen:

i. die Intelligenz,
ii. das Bewusstsein bzw. Selbstbewusstsein und
iii. die Gefühle oder Emotionen

Letztere werden von Philosophinnen und Philosophen häufig auch als Qualia bezeichnet. Können Maschinen intelligent sein, d. h. können sie kreativ und schöpferisch tätig sein und Ideen entwickeln? Es gibt Systeme, die heute Bilder zeichnen, die beispielsweise kaum von einem echten Van Gogh zu unterscheiden sind oder Bachkantaten komponieren, die nur der Fachmann oder die Fachfrau als Fälschung entlarven kann. Aber ist dies bereits kreativ? Dass eine Maschine eine Bachkantate komponieren kann liegt primär daran, dass man ihr alle Werke von Bach, alle Noten usw. als Datenmaterial zur Verfügung stellt. Und nun kommt das zum Zuge, was solche Systeme vorzüglich können, nämlich große Datenmengen auswerten. Die technische Komposition von Bachkantanten ist in diesem Fall also kein kreativer, intelligenter Akt, sondern ein bloß rationaler. Auch menschliche Komponisten kopieren häufig Ausschnitte aus ihren eigenen Werken, modifizieren sie leicht und verknüpfen alles zu einem neuen Werk. Auch dies ist mehr ein rationaler Akt, als eine schöpferische, genuine Erfindung von Neuem.

Ausgereifte Systeme künstlicher Intelligenz können mittels ihrer Sensoren sicherlich auf die Gefühle ihrer menschlichen Nutzerinnen und Nutzer entsprechend reagieren. Sie können Tränen in den Augen oder traurige Gesichtszüge erkennen und demgemäß ihr Verhalten anpassen. So können sie zum Beispiel Mitleid zeigen, in dem sie ihre künstlichen Augen verdrehen. Technisch möglich ist auch, dass aus ihren künstlichen Augen Wassertropfen austreten, sofern es in ihrem Inneren einen kleinen Wasserbehälter gibt, der regelmäßig aufgefüllt werden muss. Doch alle diese Gefühle sind nicht echt. Sie ähneln eher den gespielten Gefühlen eines guten Schauspielers, die täuschend echt erscheinen, aber nicht sind. Die Gefühle technischer Systeme sind simulierte Gefühle. Und so ist kaum vorstellbar, dass ein technisches System vor lauter Traurigkeit sich das Leben nimmt, wobei noch zu klären wäre, ob bei technischen Systemen der Begriff des Lebens überhaupt einen Sinn ergibt.

So wenig wie technische Systeme echte Gefühle haben, so wenig haben sie ein Bewusstsein. Der Mensch ist sich seines Denkens und Handelns selbst bewusst. Er besitzt Selbstbewusstsein. Ein technisches System kann zwar mittels seiner Sensoren registrieren, dass es gerade diese oder jene Aktion ausführt, aber man kann kaum annehmen, dass es sich dieser Aktion tatsächlich ähnlich bewusst ist, wie ein Mensch. Vermutlich ist es auch gar nicht wünschenswert, technische Systeme mit Gefühlen und Bewusstsein zu realisieren, da diese beiden Eigenschaften vermutlich für ihre rationalen Aufgaben, für die sie geschaffen wurden, eher nachteilig sind als von Vorteil. So wird auch unter Menschen ab und an gefordert, die Gefühle beiseite zu lassen und auf den Boden der Rationalität zurückzukehren.

Zum Menschsein gehören Fehler. Und zum Menschsein gehört, dass er eben nicht pausenlos rational und vernünftig ist. Ein Mensch wird daher hin und wieder frei entscheiden, ein Stück Torte zu viel zu essen oder ein Glas Moselwein zu viel zu trinken. Und sind es nicht gerade diese Verrücktheit und Unvernünftigkeit, die einen Menschen menschlich und liebenswert machen? Ein technisches System kann in seiner Rationalität solche Unvernünftigkeit bestenfalls technisch nachahmen.

Welche Antwort können wir nun also auf die Frage geben, inwieweit sich das Sein der Maschine dem Sein des Menschen nähern kann? Die Antwort hängt, das zeigt unsere kurze Diskussion, entscheidend davon ab, wie wir die Begriffe Intelligenz, Emotion und Bewusstsein bestimmen. Fassen wir die Begriffe sehr weit, dann verschwindet die Differenz von Maschine und Mensch. Letztendlich können wir in diesem Fall sogar allem was ist, menschliche Merkmale zusprechen. Derart weit gefasste Begriffe sind sinnlos, da sie alles was ist, einschließen. Selbst Steine hätten in diesem Fall menschliche Eigenschaften. Fasst man dagegen die maßgebenden Begriffe sehr eng oder sogar zu eng, so schließen diese Begriffe gar nichts mehr ein. In diesem Fall hätten sogar Menschen weder Intelligenz, Emotionen noch Bewusstsein. Auch solche zu eng gefassten Begriffe sind daher sinnlos. Auf die Frage, inwieweit Maschinen ein menschliches Sein annehmen können, gibt es folglich keine konkrete, klare Antwort. Dies gilt zu beachten, wenn die Phantasien im Hinblick auf menschliche Maschinen ausufern, aber auch, wenn die Möglichkeit menschenähnlicher Maschinen als absurd abgetan wird.

Systeme künstlicher Intelligenz, genauer: künstlicher Rationalität, werden das Leben des Menschen verändern. Sie werden mit Chancen, z. B. im Bereich der

Medizin, und mit Risiken einhergehen, wobei der Daten- und Machtmissbrauch zweifelsfrei das größte Risiko ist. Die Einführung von Systemen künstlicher Intelligenz erfordert daher, wie jede andere Einführung einer neuen Technik auch, eine gesetzliche Regelung, die sicherstellt, dass der Mensch, seine Würde und seine Rechte bedingungslos zu achten und zu schützen sind. Eine Unterdrückung des Menschen oder gar eine Auslöschung der Menschheit durch Androiden muss das vernünftige Wesen namens Mensch nicht fürchten. Auch in Zukunft werden Menschen wohl weiterhin allein durch Menschen unterdrückt werden, zunehmend auch mithilfe des Werkzeugs der künstlichen Intelligenz, nicht aber durch Androiden. Auch wenn es einfacher und publikumswirksamer ist, die Übermacht der Androiden auszumalen, dringlicher ist eine kritische und breite Aufklärung über den komplexen Daten- und Machtmissbrauch mittels Systeme künstlicher Intelligenz.

Ingenieurinnen und Ingenieure, die in den genannten technischen Bereichen des 21. Jahrhunderts arbeiten und forschen, sollten sich über die maßgebenden Schlüsselbegriffe und die mit diesen Begriffen verknüpften Fragen und Problemen im Klaren sein. Sie sollten sich die Fähigkeit erwerben, über diese Fragen und Probleme ihr eigenes plausibles und mit Gründen fundiertes Urteil zu bilden. Vor allem aber sollten sie dieses technisch herausfordernde und gesellschaftlich relevante Feld nicht allein anderen überlassen.

❶ Achtung

Ingenieurinnen und Ingenieure haben einen entscheidenden Anteil daran, ob die Digitalisierung und die Entwicklung künstlicher Intelligenz und autonomer Fahrzeuge dem Weg einer nachhaltigen Entwicklung folgen oder nicht.

6.5 Konvergierende Wissenschaften

Noch im letzten Jahrhundert (und sogar zum großen Teil noch heute) gliederte sich die Wissenschaft in vielfältige und nahezu unzählbare Teil- oder Spezialdisziplinen, die sich vor allem bezüglich ihres vorrangigen Untersuchungsgegenstandes unterschieden: die Physik und neuerdings auch die Nanotechnologie fokussieren ihr Erkenntnisinteresse vorrangig auf Atome, die Biologie und die Biotechnologie auf Gene, die Informationstechnologie auf Bits und die Medizin- und Neurotechnologie u. a. auf Neuronen. Das 21. Jahrhundert wird hier vermutlich eine radikale Veränderung herbeiführen, da eine wesentliche Eigenschaft der Wissenschaften aber auch der Technik des 21. Jahrhunderts ihre Konvergenz ist (Franz 2014, S. 186 f., 2011, S. 27 f.). Dies ist eine weitere bedeutende qualitative Änderung im Fortschritt der Technik und der Wissenschaft.

Mit der Konvergenz der verschiedenen Wissenschaften, Techniken und Technologien, wie beispielsweise der Nanotechnologie, der Informationstechnologie, der Biotechnologie und der Neurotechnologie, werden die grundlegenden Entitäten dieser Wissenschaften und Technologien schrittweise vereint. Und dieses begriffliche Verschmelzen von Atomen, Bits, Genen und Neuronen wird zunehmend Gegenstand von Wissenschaft und Technik werden. Konvergierende Technologien und konvergierende Wissenschaften, deren Folgen für den Menschen und die Gesellschaft heute gleichfalls noch kaum vorstellbar sind, werden voraussichtlich das 21. Jahrhunderts wesentlich prägen (siehe hierzu z. B. Coenen 2008; Kogge 2008). Während das 19. Jahrhundert das industrielle Zeitalter war und das 20. Jahrhundert das Informationszeitalter bzw. das Zeitalter der Informationsgesellschaft, wird das 21. Jahrhundert vermutlich das Zeitalter der konvergierenden Technologien, der konvergierenden Wissenschaften und der konvergierenden grundlegenden Entitäten sein, namentlich der Atome, Bits, Gene und Neuronen. Gleichzeitig werden mit dieser Konvergenz völlig neue Anwendungen entstehen mit völlig neuen Folgen für den Menschen und die Gesellschaft. Wie diese Folgen zu beurteilen und zu bewerten sind, ist keine rein technische Frage, sondern eine ethische, soziale und auch politische.

6.6 Nachhaltiger Fortschritt und Humanisierung der Technik

Die Geschichte der Technik zeigt, dass sie durch einen andauernden Fortschritt geprägt ist. Fortschritt ist ein Merkmal technischer Entwicklungen. Doch nicht jeder Fortschritt genügt den Anforderungen der Nachhaltigkeit. Um zu erkennen, welche Anforderungen dies sind, treten wir zunächst zurück, und schauen auf das Erkenntnisvermögen des Menschen, das von Natur aus begrenzt ist (Franz 2017, S. 137 ff.). Denn der Mensch ist weder allmächtig noch allwissend. Aufgrund seines endlichen Erkenntnisvermögens vermag der Mensch nicht mit Gewissheit zu erkennen, wie seine Schöpfungsprodukte sich ins Weltganze einfügen. Er wird daher auch niemals mit Bestimmtheit voraussagen können, welche Wechselbeziehungen seine Schöpfungsprodukte mit dem Weltganzen einerseits und mit seinen anderen künstlichen Produkten andererseits eingehen werden. Die unerwünschte Wechselwirkung verschiedener Medikamente ist für letzteres ein bekanntes Beispiel. Genau in diesen nicht mit Gewissheit vorhersehbaren Wechselwirkungen gründet die inhärente Gefahr unerwünschter Folgen, seien es Technikfolgen, Wirtschaftsfolgen oder andere. Obgleich dies ein Mangel ist, erwächst aus dieser Gefahr doch eine Chance. Denn aus der natürlichen Begrenzung des menschlichen Wissens kann die Forderung abgeleitet werden, sich bei allen technischen Entwicklungen der grundsätzlichen Unwissenheit bezüglich des Weltganzen bewusst zu werden, diese anzuerkennen und die daraus resultierenden praktischen Konsequenzen zu ziehen. In puncto technischer Entwicklungen begründet die natürliche Begrenztheit des menschlichen Wissens damit eine wertvolle praktische Orientierungshilfe. Denn sie mahnt zur Bescheidenheit und warnt vor Überheblichkeit. Sie ist somit gerade für nachhaltige Entwicklungen unerlässlich. Denn wer sich über seinen prinzipiellen Mangel an Wissen in Bezug auf das Weltganze belehrt und sich damit seiner grundsätzlichen Fehlerhaftigkeit bewusst wird, ist auf dem Weg der Nachhaltigkeit bereits ein gutes Stück voran gekommen. Für die Welt als Ganzes wäre eine technische und ökonomische Bescheidenheit zweifelsfrei ein Gewinn. Dies alles spricht keineswegs gegen Fortschritt und Forschung, weder im Bereich der Technik noch in allen anderen Bereichen. Im Gegenteil. Denn es spricht für einen Fortschritt, der seinen Namen verdient. Es ist ein Fortschritt der bescheiden ist.

❗ Achtung

Ein bescheidener Fortschritt ist kein Rückschritt. Es ist ein Fortschritt, der seine humanen, moralischen, sozialen und ökologischen Grenzen kennt und respektiert und daher in jeder nur denkbaren Hinsicht nachhaltig ist.

Der Gegenpol des bescheidenen Fortschritts ist der zügellose, unvernünftige, verantwortungslose Fortschritt, der keine Grenzen akzeptiert, vor möglichen Folgen die Augen verschließt, gegenüber Kritik taub ist, Selbstkritik ablehnt und dem technologischen Imperativ folgt: Was technisch möglich ist, das soll auch hergestellt werden. Bauingenieuroffiziere der US Navy brachten diesen Imperativ während und in der Nachkriegszeit des zweiten Weltkrieges auf die plakatierte Kurzform ›Can Do!‹. Er widerspricht jedoch deutlich jeglicher Moral, denn der Zweck moralischer Regeln ist ausdrücklich zu verhindern, dass man alles tut, was man tun kann. So erweist sich dieser »technologische Imperativ als Perversion jeglicher Moral, ja als die proklamierte Unmoral« (Lenk und Ropohl 1993, S. 7). Ein Fortschritt, der diesem Imperativ folgt, ist inhuman und in jeder Hinsicht kontranachhaltig.

Nachhaltige Entwicklungen erfordern einen bescheidenen und maßvollen Fortschritt, sowie eine beständige kritische, selbstkritische und ethische Begleitung. Es ist ein Fortschritt, der sich der Bedeutung der Nachhaltigkeit für eine human, sozial und ökologisch intakte Welt bewusst ist. Es ist ein Fortschritt in der Mitte zwischen zwei Extremen – dem zügellosen Fortschritt und dem Stillstand. Dieser Fortschritt folgt einem Weg, den bereits Aristoteles als den Weg der Mitte (gr. Mesotes) und damit als einen allein der Vernunft folgenden Weg begründet hat (Aristoteles Nikomachische Ethik, 2. Buch, c. 6, 1107a). Bescheidenheit bremst folglich den Fortschritt nicht, sondern lenkt ihn auf den richtigen, vernünftigen Weg und fördert ihn. Fortschritt gepaart mit Bescheidenheit wird dem nachhaltigen Wohl des Menschen, der Gesellschaft und der Natur gerechter, als ein Fortschritt, der sich als dogmatisch, bedingungslos und grenzenlos versteht. Und ist nicht dieses Wohl das Ziel jeglichen Fortschritts?

Da das Wohl des Menschen, der Gesellschaft und der Natur das Leitziel nachhaltiger Entwicklungen ist, versteht es sich von selbst, dass auch bei nachhaltigen Projekten eine angemessene Bescheidenheit der adäquate Weg ist und der Glaube an einen grenzenlosen Fortschritt der inadäquate. Vor allem der dogmatische Fortschritts-, Technik- und Wissenschaftsglaube, dass alle Probleme früher oder später technisch-wissenschaftlich gelöst werden können, erweist sich in jeder nur denkbaren Hinsicht als kontranachhaltig. Die Belehrung über die eigene, natürliche Begrenzung des Wissens ist dagegen ein wesentliches Kennzeichen eines Weges und damit eines Fortschritts, der zurecht als nachhaltig bezeichnet werden kann, da er primär das Wohl des Menschen, der Gesellschaft und der Natur als Lebensgrundlage des Menschen im Blick hat. Die Belehrung über das eigene Nichtwissen führt so zu einer *Humanisierung der Technik*. Nicht die technische Funktionalität und die wirtschaftliche Gewinnmaximierung sind das Maß einer humanen Technik, sondern der Mensch, der keine Sache ist, sondern Zweck an sich selbst (Kant 1785, GMS, AA IV, S. 429).

6.7 Fazit

Die Technik unserer Gegenwart umfasst und vermag weitaus mehr als die Technik der vorigen Jahrhunderte. Sie ist nicht länger nur ein einfaches Werkzeug, Mittel oder Instrument, durch dessen Benutzung das Alltagsleben und Berufsleben des Menschen erleichtert wird. Sie hat die Welt und das Dasein des Menschen erheblich verändert. Sie hat neue Weltbilder und Weltansichten geschaffen. All dies ist zurückzuführen auf einen Fortschritt in den Technik- und Ingenieurwissenschaften, der sich noch nie so rasch vollzog wie heute. Zweifelsfrei ist der Fortschritt der Motor jeder Entwicklung, nicht nur der technischen. Aber nicht jede Entwicklung und jeder Fortschritt sind wünschenswert. So ist auch beim Fortschritt die Würde des Menschen das nicht hintergehbare Maß und Ziel. Ein Fortschritt ist folglich nur dann nachhaltig, wenn er diese Würde achtet und schützt. Dies gilt ohne Einschränkung für alle Bereiche, also auch für den Bereich der Technik- und Ingenieurwissenschaften.

Technische Fortschritte der Gegenwart dürfen den Möglichkeitsspielraum der nachfolgenden Generationen nicht begrenzen. Dies zu gewährleisten ist gar nicht so schwierig, wenn man nur den Blick auf die zentralen Ziele der Nachhaltigkeit nicht aus den Augen verliert. Diese Ziele verändern die Arbeit von Ingenieurinnen und Ingenieuren, weil sie stärker in die Pflicht und in die Verantwortung genommen werden, diese Ziele verlässlich und aufrichtig in Zusammenarbeit mit anderen Fachdisziplinen zu verfolgen. Ein in Nachhaltigkeit geschulter Ingenieur oder geschulte Ingenieurin wird dies allerdings nicht als eine von außen auferlegte Pflicht erachten, sondern sich diese Pflicht aus Einsicht und Wissen um die Notwendigkeit nachhaltiger Entwicklung heraus selbst auferlegen. Aus Pflicht wird so eine spannende, freie Herausforderung. Gerade bei den Schlüsseltechniken des 21. Jahrhunderts – die künstliche Intelligenz, die autonomen Fahrzeuge, die virtuelle Realität, die Cybertechniken und andere mehr – ist die Gesellschaft auf Ingenieure und Ingenieurinnen angewiesen, die sich ihrer besonderen Verantwortung bewusst sind und daher konsequent eine nachhaltige Entwicklung verfolgen.

Literatur

Aristoteles: Physica. In deutscher Übersetzung in: Aristoteles (1995a) Physik. Vorlesungen über die Natur (übers. von Hans Günter Zekl). Philosophische Schriften. Band 6. Hamburg, Meiner

Aristoteles: Nikomachische Ethik. Zitiert nach: Aristoteles (1995b) Nikomachische Ethik (übers. von Eugen Rolfes; bearb. von Günther Bien). Philosophische Schriften. Bd 3. Meiner, Hamburg

Assheuer T (2017) Die Big-Data-Diktatur. DIE ZEIT, No. 49, 30. November, S. 47

Coenen C (2008) Konvergierende Technologien und Wissenschaften. Der Stand der Debatte und politischen Aktivitäten zu Converging Technologies . Büro für Technikfolgen-Abschätzung beim Deutschen Bundestag. Hintergrundpapier Nr. 16. März

Franz JH (2011) A critique of technology and science: An issue of philosophy. Southeast Asia, A Multidisciplinary Journal 11:23–36

Franke JH (2014) Nachhaltigkeit, Menschlichkeit, Scheinheiligkeit. Philosophische Reflexionen zur nachhaltigen Entwicklung. oekom, München

Franke JH (2017) Nikolaus von Kues – Philosophie der Technik und Nachhaltigkeit. Frank & Timme Verlag für wissenschaftliche Literatur, Berlin

Franke G (2019) „Digitalisierte" Menschheit. Eine kritische Spekulation – oder eine spekulative Kritik. In Berr K, Franz JH (Hrsg) (2019): Zukunft gestalten. Digitalisierung, Künstliche Intelligenz (KI) und Philosophie. Frank & Timme Verlag für wissenschaftliche Literatur, Berlin, S 189–200

Franke JH, Jain VK (2000) Optical communications – Components and systems. USA, CRC Press; Europa, AlphaScience, Asien, Narosa

Habermas J (2006) Das Sprachspiel verantwortlicher Urheberschaft und das Problem der Willensfreiheit: Wie lässt sich der epistemische Dualismus mit einem ontologischen Monismus versöhnen? Berlin, DZPhil 54(5):669–707

Kant I (1788) Kritik der praktischen Vernunft. In: Kant I (1968): Kants Werke. Akademie Textausgabe V. Walter de Gruyter, Berlin. S 1–163

Kant I (1787) Kritik der reinen Vernunft. 2. Aufl. Zitiert nach: Kant I (1968): Kants Werke. Akademie Textausgabe III. Walter de Gruyter, Berlin

Kant I (1785) Grundlegung zur Metaphysik der Sitten (GMS). Zitiert nach ders. (1968): Kants Werke. Akademie Textausgabe, Bd. IV. Walter de Gruyter, Berlin, S 385–463

Kant I (1784) Beantwortung der Frage: Was ist Aufklärung? Zitiert nach: ders. (1968): Kants Werke. Akademie Textausgabe Bd. VIII. Berlin, Walter de Gruyter, S 33–42

Kogge W (2008) Technologie des 21. Jahrhunderts. Perspektiven der Technikphilosophie. Berlin, DZPhil 56(6):935–956

Lenk H, Ropohl G (Hrsg) (1993) Technik und Ethik. 2. revidierte und, erweiterte. Reclam, Stuttgart

Loh J (2019) Wider die Utopie einer umfassenden Kontrolle. Kritische Überlegungen zum Transhumanismus. In: Berr K, Franz JH (Hrsg) Zukunft gestalten. Digitalisierung, Künstliche Intelligenz (KI) und Philosophie. Frank & Timme Verlag für wissenschaftliche Literatur, Berlin, S 177–188

Loh J (2020) Trans- und Posthumanismus zur Einführung. 3. korrigierte Aufl. Junius, Hamburg

McEwan I (2019) Maschinen wie ich. Diogenes, Zürich

Radisch I (2019) Hier wird der neue Mensch programmiert. Die Zeit, no. 22, 23. Mai

Weßels D (2021) Mein Co-Autor, die Maschine. Die Zeit, no. 35, 26. August

6

Kontranachhaltige Irrtümer

Inhaltsverzeichnis

© Der/die Autor(en), exklusiv lizenziert durch Springer Fachmedien Wiesbaden GmbH, ein Teil von
Springer Nature 2021
J. H. Franz, *Nachhaltige Entwicklung technischer Produkte und Systeme*,
https://doi.org/10.1007/978-3-658-36099-3_7

Kritik und Selbstkritik fördern die nachhaltige Entwicklung von Technik (jhf).

Sachgerechte und konstruktive Kritik ist eine Bedingung des Fortschritts in nahezu allen Bereichen. In diesem Kapitel wird nach einer kurzen Einführung (▶ Abschn. 7.1) der Bereich der Technik- und Ingenieurwissenschaften einer solchen Kritik unterzogen, um darauf aufbauend ihr Potential für die nachhaltige Entwicklung aufzuzeigen. Dabei geht es vor allem um Irrtümer hinsichtlich dessen, was Technik ist, was sie vermag und in welcher Weise technische Entwicklungen ablaufen (▶ Abschn. 7.2). Es sind Irrtümer, die historisch bedingt sind, sich im Laufe der Jahre festgesetzt haben, einer nachhaltigen Technikentwicklung entgegenstehen, sich aber seit einiger Zeit sukzessive auflösen, vor allem vermittelt durch eine Philosophie der Technik (▶ Abschn. 7.3). Das Kapitel schließt mit einem Fazit (▶ Abschn. 7.4).

7.1 Einführung

7

Eine weit verbreitete Ansicht unter Ingenieurinnen und Ingenieuren über ihr eigenes berufliches Handeln ist, dass sie planen, entwickeln, konzipieren, entwerfen und damit technische Produkte realisieren, indem sie die Ergebnisse der Wissenschaften anwenden. In diesem Sinne sind Ingenieurwissenschaften angewandte Wissenschaften (applied sciences). Eine weitere, ebenfalls verbreitete Ansicht ist, dass sich Ingenieure bei der Entwicklung neuer Produkte ausschließlich an den Wünschen und Bedürfnissen der Menschen bzw. den Kundinnen und Kunden orientieren. Daher ist es ihre Aufgabe, die adäquaten technischen Mittel zu finden, um diese Bedürfnisse oder Zwecke zu befriedigen. Der Standardbegriff für diese Vorgehensweise ist die Zweck-Mittel-Relation. Der Zweck ist gegeben, das dazugehörige Mittel zu finden. Mit diesem Selbstverständnis korrespondieren die folgenden Bestimmungen des Begriffs der Technik (Franz 2014, S. 191):

i. Technik besteht im Auffinden geeigneter Mittel, um bestehende Bedürfnisse oder Zwecke zu erfüllen.

ii. Technik ist eine angewandte Wissenschaft und damit die Überführung nomologischer Ursache-Wirkungs-Beziehungen in Zweck-Mittel-Zusammenhänge eine ihrer zentralen Aufgaben. Technik transformiert folglich kognitives Wissen in instrumentelles Wissen.

iii. Technik ist die Gesamtheit aller technischer Artefakte.

iv. Technik ist die Summe aller Tätigkeiten und Institutionen, die erforderlich sind, um Artefakte oder Produkte zu schaffen und die Summe aller Tätigkeiten, die diese Artefakte oder Produkte sich zunutze machen.

In diesem Selbstverständnis erscheinen Ingenieurinnen und Ingenieure wie gute Freunde und Freundinnen, die dazu beitragen, die Bedürfnisse des Menschen zu befriedigen. Ihre Handlungen sind immanent gute bzw. moralisch gebotene Handlungen. Ingenieure helfen. Sie sind »moralische Helden« (Alpern 1993, S. 177). Abgesehen von dieser (scheinbar) guten Tat der Bereitstellung von Produkten, die den Kundenwünschen entsprechen, werden alle anderen Tätigkeiten der Ingenieurinnen in der Regel als moralisch neutral und als wertneutral beurteilt (Franz 2007, S. 93 ff.). Denn die Entwicklung der Produkte erfolgt allein über die Anwendung und Nutzung wissenschaftlicher Ergebnisse. Diese Ergebnisse können zwar richtig oder falsch sein, aber nicht gut oder schlecht. Angewandte Wissenschaften sind daher moralisch neutral. Als angewandte Wissenschaften folgen Ingenieurwissenschaften somit einem festgelegten Weg und damit einer Art von Automatismus, die lediglich durch physikalische Gesetze und Naturgesetze bestimmt ist, aber nicht durch ethische Prinzipien oder moralische Regeln. Selbstverständlich können Menschen ihre erworbenen technischen Produkte in einer Weise nutzen, die nicht von Ingenieurinnen beabsichtigt wurde. Sie können beispielsweise einen Hammer in der für ihn vorgesehenen Weise benutzen, um Nägel einzuschlagen. Sie können damit aber auch einen Mitmenschen töten, was de facto schon geschehen ist (Trierischer Volksfreund 2011). Der Ingenieur hat hierauf keinen Einfluss. Für solche missbräuchlichen Verwendungszwecke sind die Kundin oder der Kunde verantwortlich, aber nicht die Ingenieurin. Ingenieure sind neutral und erfüllen jeden nur erdenklichen Wunsch ihrer Kunden und Kundinnen. Kenneth D. Alpern vergleicht daher Ingenieure mit Magiern: »Wenn Menschen einsam sind, erfinden die Ingenieure Telefone, Autos und Flugzeuge, um sie einander näher zu bringen. Wenn Menschen Hunger haben, produzieren Ingenieure Mähdrescher, Düngemittel und Pestizide, um ihnen zu essen zu geben. Wenn es Menschen an Behaglichkeit fehlt, entwickeln die Ingenieure Heizungen, Klimaanlagen und Schaumstoffe, um ihnen Komfort zu verschaffen. Wenn sich Menschen langweilen, erfinden die Ingenieure Kino, Fernsehen und Videospiele, um sie zu unterhalten. Kurz: Immer wenn Menschen ein Problem haben, werden es die Ingenieure lösen« (Alpern 1993, S. 177). Geblendet von diesem Erfolg der Technik ist der folgende Slogan nicht nur unter Technikern, sondern auch unter Ingenieurinnen und Ingenieuren weit verbreitet: Mögliches realisieren wir sofort, Unmögliches dauert etwas länger.

Der Standpunkt von Ingenieuren, der hier vorgestellt wurde, ist ein idealisierter und rein technischer. Es ist ein Standpunkt, der auch heute noch weit verbreitet ist. Jedoch ist es ein Standpunkt, der mit Fehlern und Irrtümern behaftet ist. Er repräsentiert mehr ein Wunschdenken als die Realität. Allerdings vollzieht dieser Standpunkt seit einigen Jahren eine deutliche Wandlung, der vor allem darin gründet, dass technische Entwicklungen zunehmend eine interdisziplinäre Zusammenarbeit mit anderen Fachdisziplinen erfordern. Dies wiederum hat zur Folge, dass sich die etablierten Standpunkte schrittweise anderen Standpunkten öffnen, auch nicht-technischen. So ist beispielsweise an vielen technischen Hochschulen und Universitäten die Einführung fachbereichsübergreifender Kurse und Module zu beobachten, wie Technikfolgenabschätzung, Philosophie der Technik, Wissenschaftstheorie, allgemeine und angewandte Ethik und andere mehr. Da dies aber noch nicht allgemein der Fall ist, obgleich es in puncto Nachhaltigkeit dringend geboten ist, werden im Folgenden diese Irrtümer nochmals untersucht.

7.2 Irrtümer

Technik ist notwendig ambivalent. Denn sie bringt nicht nur die gewünschten und beabsichtigten Folgen hervor, nämlich die von den Ingenieurinnen geplanten, entwickelten und realisierten Artefakte. Technik ist auch die Quelle mannigfaltiger unerwünschter und unbeabsichtigter Folgen. Technikbedingte Unfälle und Katastrophen und die zunehmende Verschmutzung der Umwelt und die immer noch fortschreitende Schädigung des Klimas sind die bekanntesten aber nicht die einzigen Folgen dieser Art. Diese Folgen beschädigen das im vorigen Kapitel skizzierte idealisierte Bild des Ingenieurs. Tatsächlich ist es nämlich ein Bild mit fundamentalen Irrtümern (Franz 2007, 2011). Obgleich seit einigen Jahren diese Irrtümer zunehmend korrigiert werden, halten sie sich dennoch in einigen Bereichen hartnäckig, was auch der Grund ist, sie hier nochmals zu reflektieren. Der erste Irrtum ist:

i.   Technik ist nur ein Instrument zur Befriedigung der Bedürfnisse der Kunden. Sie folgt ausschließlich einer einfachen Zweck-Mittel-Relation.

7

Diese Bestimmung des Begriffs der Technik als Instrument oder Mittel zum Zweck war zumindest noch zu Beginn des vorigen Jahrhunderts plausibel, nachvollziehbar und berechtigt. Seit etwa Mitte des letzten Jahrhunderts und erst recht seit Beginn des noch jungen 21. Jahrhunderts ist sie allerdings nicht mehr gültig, zumindest nicht in ihrer Allgemeinheit. Denn heute repräsentiert sich Technik als ein Prozess mit einer ureigenen, internen Dynamik. Das Resultat dieses eigendynamischen Prozesses sind eine Vielfalt an neuen technischen Mitteln und Möglichkeiten, die in einer Mannigfaltigkeit an neuen Produkten mündet. Die Crux ist, dass es für einen großen Teil dieser neuen Produkte noch gar keine Bedürfnisse seitens des Kunden und der Kundin gibt. Die Technik des 21. Jahrhunderts folgt somit nicht länger der konventionellen Zweck-Mittel-Relation, sondern einer dazu inversen Mittel-Zweck-Beziehung. Die Mittel sind da, aber es fehlen die Zwecke. Die Konsequenz dieser radikalen Umkehrung ist, dass nunmehr die Bedürfnisse der potentiellen Kunden für die neuen Produkte erst zu wecken sind. Die infrage kommenden Kundinnen sind folglich in irgendeiner Weise zu überzeugen oder sogar zu überreden, dass sie dieser neuen Produkte bedürfen. Oder drastischer formuliert: Die möglichen Kunden sind derart zu manipulieren, dass sie technische Produkte kaufen, die sie bis dato nicht benötigten. Und dies ist die Aufgabe der Werbung, die gleichfalls mittels modernster Technik in ihrer Aufgabe unterstützt wird, insbesondere durch Medientechnik und Multimediatechnologien. Die dabei verfolgte Strategie ist stets die gleiche, nämlich zu suggerieren, dass die neuen technischen Produkte unentbehrlich sind. Die Aufgabe der Werbung ist folglich, den Standpunkt der Kundinnen von ›ich benötige das nicht‹ in ›ich benötige es‹ zu ändern. Die Art und Weise, wie dies vollzogen wird, ist hinreichend bekannt. Typische Argumente (besser: Scheinargumente) der Werbung sind: Wenn Sie dies nicht kaufen, dann schauen Sie älter aus als die anderen, dann sind Sie nicht so schön oder attraktiv wie die anderen, dann sind Sie altmodisch oder wirken weniger dynamisch. Was bedeutet dies? Es bedeutet, dass der Kunde nicht mehr der Hauptnutznießer der Technik ist. Der Kunde ist nicht länger der König. Hauptnutznießer der Technik sind nun die Unternehmen. Nicht mehr die Bedürfnisse der Kundinnen stehen an erster Stelle, sondern der monetäre Gewinn und der wirtschaftliche Umsatz des am Wachstum orientierten Unternehmens. In diesem inversen System wird der Kunde selbst zum Mittel, zu einer Ressource und damit zu einem Objekt, einem berechenbaren homo oeconomicus. Er wird zu einem bloßen Parameter oder Faktor in der Kosten- und Leistungsrechnung des gewinnorientierten Unternehmens. Die Technik und ihre Protagonisten, nämlich die Technikerinnen und Ingenieure, werden gleichfalls wie die Kunden und Kundinnen zu Produktionsfaktoren und damit ebenso objektiviert und instrumentalisiert. Die These der Zweck-Mittel-Relation ist im 21. Jahrhundert ein Irrtum. Es ist ein Irrtum, der einer an Nachhaltigkeit orientieren Entwicklung entgegensteht. Der zweite Irrtum ist:

ii. Die Handlungen von Ingenieurinnen und Technikern folgen weitestgehend einem Automatismus oder Determinismus. Denn sie bestehen zumeist darin, die Ergebnisse der Wissenschaften anzuwenden, also in erster Linie ihre Naturgesetze und physikalischen Gesetze. Technik ist somit eine angewandte Wissenschaft.

Gemäß dieser weit verbreiteten Ansicht folgen die im Bereich der Technik und der Ingenieurwissenschaften auszuführenden Handlungen im weitesten Sinne einer Kausalkette, die mit wissenschaftlichen Ergebnissen beginnt und über den Weg des Einsatzes technischer Mittel zu technisch und funktional optimierten Endprodukten führt. Aus diesem Grund sind diese Handlungen nahezu vollständig automatisiert und geradlinig. Sie sind vor allem rein technischer Natur. Diese Behauptung ist falsch. Denn es gibt mindestens zwei Schnittstellen innerhalb der Kette von den Wissenschaften zum technischen Produkt, die eine von der Kausalität abweichende nicht-technische Entscheidung erfordern. Die erste ist am Ort der technischen Mittel. Denn zum Erreichen eines bestimmten Ziels – hier: die Entwicklung eines bestimmten technischen Produktes – gibt es in aller Regel mehr als nur ein einziges Mittel. Dies bedeutet, ein und dasselbe Ziel bzw. ein und derselbe Zweck kann über verschiedene Mittel erreicht werden. Die zweite Schnittstelle, die eine nicht-kausale Entscheidung erfordert, ist am Ort der Optimierung des technischen Produktes. Denn ein technisches Produkt kann in sehr unterschiedlicher und vielfältiger Weise optimiert werden. Es kann beispielsweise optimiert werden in Bezug auf Funktionalität, Leistungsfähigkeit, Lebens- oder Betriebsdauer, Wirtschaftlichkeit, Rentabilität, Sicherheit, Schadstoffemission, Energiebedarf, Ressourcenbedarf, Gesundheitsverträglichkeit, Bedienungsfreundlichkeit oder Recyclingfähigkeit. Häufig sind diese Optionen der Optimierung inkonsistent, da die Optimierung einer Größe, die Optimierung einer anderen Größe ausschließt oder ihr sogar gegenläufig ist. In beiden Schnittpunkten – der Wahl der Mittel und der Wahl der Optimierung – sind Entscheidungen zu treffen, die durch vielfältige Parameter beeinflusst werden, insbesondere auch durch solche, die weder physikalischer noch technischer Natur sind. Im Hinblick auf diese Entscheidungen ist daher zweierlei zu beachten. Erstens: Entscheidungen erfordern begründete Kriterien, nach denen entschieden wird. In diese Kriterien können technische Aspekte ebenso einfließen wie moralische, soziale, ökologische, ökonomische und politische. Zweitens: Entscheidungen sind, anders als Ergebnisse, nicht nur richtig oder falsch, sondern in erster Linie gut oder schlecht. Ingenieurinnen und Technikern kann daher stets eine der folgenden Fragen gestellt werden: Warum wurde in dieser und nicht in einer anderen Weise entschieden? Warum wurde dieses Mittel gewählt, um das Ziel zu erreichen, und nicht ein anderes? Warum wurde diese Optimierung gewählt und keine andere? Aufgrund welcher Kriterien, Regeln oder Werte wurde entschieden bzw. gewählt? Und warum wurden diese Kriterien gewählt und keine anderen? Durch diese Fragen werden Ingenieure und Technikerinnen aufgefordert, eine Antwort zu geben und damit ihre Entscheidungen und Handlungen zu verantworten. Ihre Antwort muss plausible Gründe benennen und nicht nur kausalwirksame Ursachen, da sie den Bereich der Technik und der angewandten Wissenschaft transzendiert. Wenn zum Beispiel ein Kraftfahrzeug optimiert wird, dann kann dies in Bezug auf

Sicherheit, Funktionalität, Bequemlichkeit, Stabilität, Wirtschaftlichkeit, Energiebedarf, Schadstoffemission, Geschwindigkeit oder anderer Parameter geleistet werden. Es ist offensichtlich, dass nicht alle Parameter gleichzeitig optimiert werden können. Einige von ihnen konfligieren einander. Das wirft erneut die bereits oben gestellte Frage auf: Aufgrund welcher Kriterien, Regeln oder Werte soll das Fahrzeug optimiert werden? Es ist denkbar, dass mehrere Kriterien zur Debatte und zur Wahl stehen. In diesem Fall wird ein übergeordnetes Kriterium benötigt, um eine Entscheidung zwischen den untergeordneten Kriterien zu treffen und so fort. Wie auch immer diese Reihe beendet wird, es besteht kein Zweifel, dass die in ihr eingebundenen Entscheidungen und Kriterien außerhalb der technischen und wissenschaftlichen Sphäre liegen. Die Entwicklung eines technischen Produktes schließt folglich weit mehr ein, als die bloße Anwendung wissenschaftlicher Ergebnisse. Dies trifft besonders auf nachhaltige Entwicklungen zu, die per se neben der technischen Dimension, gleichwertig eine humane, moralische, soziale, ökologische und politische Dimension haben.

7

Da technische Entwicklungen weder einem Automatismus folgen noch sich in der bloßen Anwendung der Wissenschaften erschöpfen (applied sciences), ist es eine Überlegung wert, ob man die englische Bezeichnung *University of applied Sciences,* die sich viele Fachhochschulen und Hochschulen nach und nach gegeben haben, nicht wieder fallen lassen sollte. Weitaus adäquater wäre die englische Bezeichnung *University of sustainable Developement.* Denn an der nachhaltigen Entwicklung kommt in Zukunft keine Hochschule mehr vorbei. Der dritte Irrtum ist:
iii. Technik ist moralisch neutral und wertneutral.

Diese Behauptung wird auch heute noch vielfach verteidigt. Ihre Begründung ist wie folgt: Der Bereich der Technik ist gegenüber Moral und moralischen Werten neutral, weil in ihm ausschließlich technische Entscheidungen zu treffen sind und diese allein auf Naturgesetzen und physikalischen Gesetzen gründen. Da letztere inhärent moralisch neutral und daher zwar richtig oder falsch sind, nicht aber gut oder schlecht, gilt dies folglich auch für die Technik. Die moralische Neutralität der Wissenschaft überträgt sich damit auf die Technik. Diese Begründung ist nicht plausibel. Um sie zu widerlegen, kann das gleiche Argument angeführt werden, das soeben aufgeführt wurde: Die Entwicklung technischer Artefakte ist kein Prozess, in dem allein technische Aspekte eine Rolle spielen. Vielmehr ist sie ein Prozess mit zahlreichen Schnittstellen, an denen Entscheidungen zu treffen sind, bei denen sowohl technische als auch nicht-technische Aspekte zu berücksichtigen sind. Zu den nicht-technischen Aspekten gehören neben den ökonomischen auch moralische, soziale, ökologische und politische. Die an den Schnittstellen zu treffenden Entscheidungen unterliegen daher ebenso moralischen Regeln und Werten wie jede Alltagsentscheidung auch. Zudem ist offensichtlich, dass die Entwicklung technischer Artefakte stets auf Handlungen gründet. Ingenieure planen, konzipieren, messen, programmieren und realisieren. All dies sind Handlungen. Technik ohne Handlung ist nicht denkbar. Und diese technischen Handlungen unterliegen ebenso wie Alltagshandlungen moralischen Maßstäben und gesellschaftlich verankerten moralischen und sozialen Werten. Technische Handlungen sind daher nicht bloß richtig oder falsch, sondern auch moralisch oder nicht. Daher sind Ingenieurinnen und Techniker für ihr technisches Handeln in gleicher Weise moralisch verantwortlich wie jeder andere Mitbürger für seine Handlungen. Tatsächlich tragen sie sogar eine höhere moralische Verantwortung als andere, da sie die möglichen Folgen ihrer technischen Produkte weitaus besser einschätzen und beurteilen können, weil sie diese selbst konzipiert und entwickelt haben. Dies impliziert, dass Technik untrennbar mit Moral und Werten verknüpft ist. Entscheidungen und Handlungen von Ingenieuren und Technikerinnen sind ergo nicht ausschließlich technischer Natur. Technik benötigt eine ethische Reflexion und Fundierung. Dieses Ergebnis ist nicht neu. Vielmehr ist die Ethik der Technik eine bereits seit Jahren etablierte Disziplin der praktischen Philosophie. Vor allem technische Fachbereiche, die interdisziplinär und nachhaltig orientiert sind, haben die Technikethik – beispielsweise im Rahmen eines studium generale – bereits in die Curricula ihrer Studiengänge integriert. Der vierte Irrtum ist:

iv. Die Verantwortung des Gebrauchs technischer Produkte liegt allein bei den Kunden und Kundinnen oder Nutzern und Nutzerinnen.

Diese Behauptung erscheint prima facie plausibel. Denn selbstverständlich ist kein Automobilhersteller und keine Entwicklerin eines Automobils verantwortlich, wenn der Fahrer oder die Fahrerin eines Autos aus niederträchtigen Motiven eine andere Person absichtlich überfährt und tötet. Werden technische Produkte in anderer Weise als vorgesehen genutzt, dann trägt die Verantwortung allein der Nutzer, auch dann, wenn der Sachverhalt nicht so drastisch wie im soeben aufgeführten Beispiel ist. Kommt aber eine Person aufgrund eines technischen Mangels durch ein Automobil zu Schaden oder gar ums Leben, dann ist die Sachlage nicht mehr so eindeutig. Wenn der Fahrer versäumte, sein Auto regelmäßig zu warten, so trägt er die Verantwortung für diesen vermeidbaren Schaden oder Todesfall. Liegt dagegen ein technischer Konstruktionsfehler vor, so liegt die Verantwortung bei den betreffenden Konstrukteuren. Es gehört zu den zentralen Aufgaben von Ingenieurinnen, das von technischen Produkten ausgehende Risiko in Bezug auf unerwünschte Folgen, so weit als technisch möglich, zu verringern. Ein Restrisiko bleibt allerdings immer. Da Ingenieure ihre selbst entwickelten Produkte viel besser kennen und daher bezüglich möglicher Folgen fundierter als alle anderen beurteilen können, ist es ihre Aufgabe, über die möglichen Risiken und die damit verknüpften möglichen unerwünschten Folgen aufzuklären. Daher benötigen Ingenieurinnen und Ingenieure zusätzlich zu ihrem technischen Know-how die Fähigkeit, die möglichen Folgen neuer Techniken und Technologien abzuschätzen und diese in interdisziplinärer Zusammenarbeit zu bewerten. Die Qualifikation zur Technikfolgenabschätzung und zur Technikfolgenbewertung ist eine Grundvoraussetzung technischer Entwicklungen, die den Anspruch erheben, nachhaltig zu sein. Werden diese Aufgaben in nicht genügendem Maße geleistet, dann tragen die konstruierenden Ingenieure zumindest eine Mitverantwortung. Es ist also nicht in jedem Fall so, dass allein der Nutzer oder die Nutzerin die Verantwortung für den durch den Gebrauch eines technischen Produktes verursachten Schaden zu tragen hat. Der fünfte Irrtum gliedert sich in zwei Teile, wobei der zweite die stärkere Variante des ersten ist:

v-a. Alle durch Technik induzierten Probleme können durch die Technik selbst wieder gelöst werden.

v-b. Alle Probleme – nicht nur die durch Technik induzierten – können mittels Technik gelöst werden.

Beide Behauptungen sind zurückzuweisen, da sie beide gleichermaßen in einen un-
auflösbaren unendlichen Regress münden. Der Grund dafür ist, dass Technik notwendig ambivalent ist. Denn jedes technische Artefakt hat neben den gewünschten Folgen eo ipso auch unerwünschte Folgen. Daher führt jeder Versuch, unerwünschte Folgen mittels technischer Lösungen zu minimieren oder zu beseitigen
unweigerlich zu neuen unerwünschten Folgen. Um diesen Regress zu beenden, sind
Lösungen erforderlich, die nicht allein auf technischen Entscheidungen gründen,
sondern gleichermaßen soziale, ökologische, politische und andere einbeziehen. Der
sechste und letzte Irrtum ist:

vi. Technik ist die Gesamtheit aller technischen Artefakte und die Summe aller
    technischen Maßnahmen, die von Ingenieuren und Technikerinnen durchge-
    führt werden.

7

Diese Aussage lässt Technik als eine Insel erscheinen, die mit dem Rest der Welt
nicht verbunden ist. Es wird die Tatsache ignoriert, dass Technik untrennbar mit
dem Menschen als Individuum und als Mitglied der Gesellschaft verknüpft ist. Und
sie ignoriert damit die Tatsache, dass Technik untrennbar mit Moral und Werten
verbunden ist. Technik ist ein Knoten in einem eng gestrickten Netz, das den Menschen, die Gesellschaft, die Natur und die Kultur als einige weitere Knoten beinhaltet. Alle Knoten stehen in einer derart engen Wechselbeziehung, dass jede Veränderung in einem Knoten unmittelbar oder mittelbar Auswirkungen auf die anderen
Knoten hat. Technik umfasst folglich immer auch moralische, soziale, ökologische,
ökonomische und politische Entscheidungen, Handlungen und Maßnahmen. Das
Wesen der Technik ist, wie bereits oben begründet wurde, nicht wieder etwas Technisches oder Materielles, sondern etwas Immaterielles. Technik verändert die Welt,
beeinflusst menschliche Bedürfnisse, Entscheidungen, Absichten und Handlungen,
verändert die Sicht des Menschen auf die Welt und das gesellschaftliche Zusammenleben. Technik umfasst also weitaus mehr, als die Summe technischer Artefakte
und technischer Maßnahmen. Darüber aufzuklären, ist Aufgabe der Technikphilosophie. Mensch, Gesellschaft, Natur und Umwelt sind auf Ingenieurinnen und Ingenieure angewiesen, die Technik in diesem weiten Sinne verstehen. Es ist ein Ver-
ständnis, das für die nachhaltige Technikentwicklung zentral ist.

7.3 Technik, Kritik und Philosophie

Technik hat einen starken Einfluss auf den Menschen und die Gesellschaft. Genau
aus diesem Grund kommt der Philosophie innerhalb der Technik eine besondere
Rolle zu. Denn in ihrem Zentrum stehen seit Anbeginn der Mensch, sein Bild von
der Welt und sein gesellschaftliches Leben. Technik übt aber auch einen enormen
Einfluss auf die Natur aus. Auch hier vermag die Philosophie systematisch und kritisch aufzuklären, beispielsweise über den Begriff der Natur und über das Verhältnis von Mensch, Technik und Natur.

Die Philosophie im Allgemeinen und die Technikphilosophie im Besonderen
haben das Vermögen, technische Entwicklungen kritisch zu begleiten sowie Irrtümer und Missverständnisse in der technischen Debatte aufzuzeigen. Sie können
den Technikbegriff entfalten, seine Bedeutung für Mensch, Gesellschaft und Natur

analysieren, über die inhärente Ambivalenz der Technik aufklären, die Verbindung von Mensch und Technik reflektieren, Technik ethisch fundieren und die Bedingungen nachhaltiger Technikentwicklungen aufdecken. Philosophie ermöglicht einen Blick auf die Technik, der weit über den rein funktionalen und instrumentalen Blick hinausreicht. Dadurch entsteht ein umfassenderes Bild der Technik, das auch die Bezüge zum Menschen, zur Gesellschaft, zur Natur und zur Kultur klarer hervortreten lässt. Auf diese Weise kann die Technik von der Philosophie profitieren. Auch Ingenieurinnen und Ingenieure profitieren von diesem erweiterten Blick auf die Technik.

Zur Philosophie gehört auch die Kritik. Durch eine philosophische Technikkritik wird der Fortschritt der Technik nicht behindert. Im Gegenteil: Er wird in besonderer Weise gefördert. Technikkritik lenkt die Forschung in eine andere Richtung, und zwar von einem rein technischen Fortschritt zu einem nachhaltigen Fortschritt, der auf das Wohl der Welt als Ganzes zielt. Philosophische Reflexion und Kritik ist für eine Technik, die sich der nachhaltigen Entwicklung und dem nachhaltigen Fortschritt verpflichtet, obligatorisch. Eine philosophische Fundierung der Technik gibt die hierzu erforderliche Orientierung. Hieraus folgt der prägnante Schluss: Technik ohne Philosophie ist blind (Franz und Rotermundt 2009, S. 5).

Um Missverständnisse zu vermeiden, scheint an dieser Stelle eine Bemerkung zum Begriff der Kritik hilfreich. Was ist Kritik? In der Alltagssprache wird mit dem Begriff der Kritik zumeist etwas Negatives oder Schlechtes assoziiert. Ein schlechtes Essen wird kritisiert, die ungenügenden Leistungen eines Schülers oder einer Schülerin werden kritisiert, das anstößige Verhalten eines Mitbürgers wird kritisiert. Der positive Aspekt der Kritik wird dabei zumeist vergessen oder ignoriert. Kritik ist kein Meckern und Nörgeln, sondern sachlich und konstruktiv. Eine solche Kritik kann fördern und helfen, vorausgesetzt sie ist plausibel und damit nachvollziehbar begründet. Die Philosophie nutzt den Begriff anders als im Alltag üblich. In der Philosophie wird das Konzept der Kritik in aller Regel im Sinne von Immanuel Kant verstanden. Kritik in seinem Sinne bedeutet etwas in systematischer Art und Weise zu betrachten und zu untersuchen, dabei nichts zu vernachlässigen, die Bedingungen aufzudecken und zu reflektieren und allen dabei auftretenden Fragen auf den Grund zu gehen. Berühmt wurde der kantische Begriff der Kritik vor allem durch seine Trias *Kritik der reinen Vernunft, Kritik der praktischen Vernunft* und *Kritik der Urteilskraft* (Kant 1781/1787, 1788, 1790). Kritik ist folglich zuallererst Methode und zwar eine wissenschaftliche. Kritik ist aber auch Bewertung, aber keine im Sinne einer unreflektierten und unbegründeten Prädikation in schlecht und gut. Kritische Bewertung erfolgt anhand begründeter Kriterien, die durch nachvollziehbare und verallgemeinerbare Argumente gestützt sind. Philosophische Kritik ist somit wissenschaftlich und hat sowohl eine epistemische als auch normative Dimension.

> ❗ Technikkritik ist eine unumgängliche Bedingung aller technischen Entwicklungen, die den Anspruch auf Nachhaltigkeit erheben.

Ohne eine begleitende Technikkritik – technische Selbstkritik als edelste Form der Kritik eingeschlossen – ist eine nachhaltige Technikentwicklung kaum möglich. Ingenieurinnen und Ingenieure sollten daher gegenüber Kritik aufgeschlossen sein und die Fähigkeit erwerben, Kritik zu üben und anzunehmen.

7.4 Fazit

Es wurde gezeigt, dass es innerhalb des Bereichs der Technik und ihrer zugehörigen Wissenschaften eine Reihe historisch bedingter Standpunkte gibt, die sich heute zunehmend als Irrtum erweisen und einer nachhaltigen Entwicklung der Technik im Wege stehen. Es wurde weiterhin begründet, dass eine Kritik der Technik, zum Beispiel eine philosophische, in vielerlei Hinsicht für den Bereich der Technik fruchtbar gemacht werden kann. Technikkritik vermag über den Begriff und das Wesen der Technik ebenso aufzuklären wie über die inhärente Ambivalenz der Technik und ihre Bedeutung für den Menschen, die Gesellschaft und die Natur. Da die Philosophie den Bereich der Technik aus einer anderen und erweiterten Perspektive heraus betrachtet, kann sie ein umfassenderes Bild der Technik zeichnen und somit Aspekte der Technik offenlegen, die aus einem rein technischen Blickwinkel kaum wahrnehmbar sind. Es ist ein Bild der Technik, das auch Ingenieuren und Ingenieurinnen in ihrer Arbeit zugute kommt. Die philosophische Technikkritik führt zu einer Bereicherung der Technik. Für technische Entwicklungen, die an der Leitidee der Nachhaltigkeit orientiert sind, ist ein solches umfassendes Technikbild unerlässlich. Die mit diesem Bild verknüpfte philosophische Fundierung der Technik gibt die für nachhaltige Technikentwicklungen erforderliche moralische, soziale und ökologische Orientierung.

Es ist aber nicht nur die Philosophie für die Technik von Bedeutung, sondern umgekehrt auch die Technik für die Philosophie. Denn Technik gehört erstens zum natürlichen Dasein und damit zum Wesen des Menschen. Zweitens übt Technik einen enormen Einfluss auf die Wünsche, Absichten und Handlungen des Menschen aus. Sie verändert das Weltbild des Menschen und das gesellschaftliche Zusammenleben. Sie beeinflusst die Politik. Und sie wirkt auf die Natur und die Welt als Ganzes. Es gibt kaum einen Bereich, der von der Technik nicht beeinflusst wird. Aufgrund dieser zentralen Bedeutung der Technik für den Menschen, die Gesellschaft, die Politik, die Natur und die Welt als Ganzes wird die Technik zu einem zentralen Problem der Philosophie. Ohne Reflexion der Technik fehlt folglich der Philosophie ein wichtiger Aspekt des menschlichen und gesellschaftlichen Daseins. Beide Ergebnisse führen zum Schluss, dass Philosophie ohne Technik arm ist und Technik ohne Philosophie blind. Dieser Schluss ist eine Paraphrasierung des bekannten Ausspruchs von Immanuel Kant: Gedanken ohne Inhalt sind leer, Anschauungen ohne Begriffe sind blind (Kant 1787, KrV B 75, S. 75). Philosophie und Technik haben folglich das Vermögen, sich gegenseitig zu bereichern, vorausgesetzt, man öffnet einander.

Ingenieurinnen und Technikern bietet die Philosophie die Möglichkeit, Technik aus einer anderen, erweiterten Perspektive zu betrachten. Es ist eine Perspektive, die Gründe und Werte ebenso einschließt, wie Ursachen und Wirkungen. In dieser Perspektive sind Menschen keine Objekte, sondern Subjekte, und die Natur kein Warenlager, sondern Partner. Es ist folglich eine Perspektive, die für die im 21. Jahrhundert dringend gebotene nachhaltige Entwicklung unerlässlich ist. Sie fordert auf, die Entwicklung technischer Produkte am Maßstab der Humanität und am Wohl der Natur auszurichten. Dies ist eine komplexe Aufgabe, die komplexe Entscheidungen erfordert, welche interdisziplinär zu treffen sind. Philosophische Technikkritik kann diese Aufgabe unterstützen und fördernd begleiten.

Literatur

Alpern KD (1993) Ingenieure als moralische Helden. In Ropohl G, Lenk H (Hrsg) Technik und Ethik, 2. Aufl. Reclam, Stuttgart, S 177–193

Franz JH (2007) Wertneutralität – Ein Irrtum in der Technikdiskussion. In: Franz JH, Rotermundt R (Hrsg) (2009) Technik und Philosophie im Dialog. Eine philosophische Korrespondenz. Frank & Timme Verlag für wissenschaftliche Literatur, Berlin, S 93–121

Franz JH (2011) A critique of technology and science: An issue of philosophy. Southeast Asia, A Multidisciplinary Journal 11:23–36

Franz JH, Rotermundt R (2009) Technik und Philosophie im Dialog. Frank & Timme Verlag für wissenschaftliche Literatur, Berlin

Kant I (1787) Kritik der reinen Vernunft. 2. Aufl. In: Kant I (1968) Kants Werke. Akademie Textausgabe III. Walter de Gruyter, Berlin

Kant I (1788) Kritik der praktischen Vernunft. In: Kant I (1968): Kants Werke. Akademie Textausgabe V. Walter de Gruyter, Berlin,S 1–163

Kant I (1790) Kritik der Urtheilskraft. In: Kant I (1968): Kants Werke. Akademie Textausgabe V. Walter de Gruyter, Berlin, S 165–485

Trierischer Volksfreund (2011) Lebenslange Haft für Eifeler Hammermörder. 24./25. April

Ethik, Kodizes und Werte

Inhaltsverzeichnis

© Der/die Autor(en), exklusiv lizenziert durch Springer Fachmedien Wiesbaden GmbH, ein Teil von
Springer Nature 2021
J. H. Franz, *Nachhaltige Entwicklung technischer Produkte und Systeme*,
https://doi.org/10.1007/978-3-658-36099-3_8

Moral predigen ist leicht, Moral begründen schwer (Schopenhauer).

Ethik und Technik sind nicht zu trennen. Im Fokus dieses Kapitels stehen daher die Ethik im Allgemeinen und die angewandte Ethik im Besonderen sowie ihre Bedeutung für die Technik- und Ingenieurwissenschaften. Hierzu werden in einer Einführung zunächst diejenigen Schlüsselbegriffe erörtert, die damit in einem unmittelbaren Zusammenhang stehen (▶ Abschn. 8.1). Zu diesen Begriffen gehören zunächst der Begriff der Ethik selbst, und zwar in Abgrenzung zum Begriff der Moral, und der des Kodex sowie des Weiteren die beiden für die Ethik besonders relevanten Begriffe der Freiheit und der Autonomie. Daran anschließend blicken wir auf bekannte Ethiktheorien und ihre Abhängigkeit vom jeweils zugrunde liegenden und vorherrschenden Menschenbild (▶ Abschn. 8.2). Darauf aufbauend wenden wir uns der Frage zu, wie man einen Ethikkodex erstellt und betrachten die damit verknüpften Probleme und Schwierigkeiten (▶ Abschn. 8.3). Da Ethikkodizes überwiegend auf Werte rekurrieren, wird auch der Begriff des Wertes zumindest im Ansatz reflektiert (▶ Abschn. 8.4). Mit dem überraschenden Ergebnis, dass die zweitausend Jahre alten Kardinaltugenden sich gerade im Hinblick auf die Nachhaltigkeit als erstaunlich modern erweisen (▶ Abschn. 8.5) und einem Fazit (▶ Abschn. 8.6) schließt das Kapitel.

8.1 Einführung

Der Begriff des Ethikkodex setzt sich aus dem Begriff der Ethik und dem des Kodex zusammen. Die Ethik ist neben der Politik und der Jurisprudenz ein Teilgebiet der praktischen Philosophie. Ihr Gegenstand ist folglich die Praxis des Menschen und zwar insofern sie den Anspruch erhebt, moralisch zu sein. Der Fokus der Ethik ist somit auf moralische Handlungen gerichtet. Oder kurz gesagt:

> **Definition**
>
> Der Gegenstand der Ethik ist die Moral. Sie ist die Wissenschaft der Moral (moralibus scientiis). Ethik und Moral dürfen also nicht verwechselt werden.

Es ist somit nicht die Aufgabe der Ethik, besondere Handlungsanweisungen zu geben oder konkrete moralische Regeln für bestimmte Handlungssituationen aufzustellen. Das primäre Ziel der Ethik als Wissenschaft der Moral ist die Entwicklung und Begründung einer Theorie der Moral. Sie ist damit, obgleich Teildisziplin der praktischen Philosophie, ebenso theoretisch wie die diversen Subdisziplinen der theoretischen Philosophie.

Die Moral nimmt Bezug auf das Handeln des Menschen und repräsentiert einen Katalog an handlungsleitenden Regeln oder Geboten, die auf Konvention, Sitte, Tradition, Autoritäten oder Übereinkunft gründen. Vor allem die Übereinkunft verleiht den meisten Ethikkodizes ihre allgemeine, praktische Geltung. Die sicherlich bekanntesten Handlungsgebote sind die zehn Gebote der Bibel. In der Ethik wird man solche konkreten Regeln oder Gebote meist vergebens suchen, es sei denn als ethisch-wissenschaftlicher Gegenstand einer kritisch-theoretischen Auseinandersetzung. Statt dessen zielt die Ethik auf eine theoretische Begründung unbedingter moralischer Handlungsprinzipien. Das wohl bekannteste ist Kants kategorischer Imperativ, der im Kontrast zur Vielfalt an unterschiedlichen Regeln in einem Ethikkodex nur ein einziger ist (Abs. 8.2). Ein ebenso bekanntes und unbedingtes moralisches Prinzip ist die Goldene Regel, deren historische Wurzeln über zweitausend Jahre zurückreichen: Was du nicht willst, das man dir tu, das füge auch keinem anderen zu. Aus diesen allgemeinen Prinzipien können besondere moralische Regeln oder Handlungsgebote deduziert werden, wie sie beispielsweise in einem Ethikkodex aufgeführt sind. In der Ethik als Wissenschaft steht das Allgemeine und Prinzipielle dieser Regeln sowie ihre theoretische Fundierung im Vordergrund, nicht aber das Besondere und Kontingente dieser vielfältigen moralischen Regeln.

Obgleich die Ethik bereits seit der Antike eine Kerndisziplin der Philosophie ist, sind die angewandten Ethiken, die Bereichsethiken und mit diesen die Ethikkodizes überwiegend eine Schöpfung der praktischen Gegenwartsphilosophie. Angewandte Ethiken oder Bereichsethiken sind erforderlich geworden, da die allgemeinen Prinzipien der klassischen Ethiktheorien nur bedingt auf die spezifischen moralischen Fragen und Probleme übertragen werden können, die den unterschiedlichen Fachbereichen inhärent sind. Sie begründen bereichsorientierte ethische Theorien, aus denen dann konkrete fachbereichsbezogene praktische Regeln deduziert werden können. Inzwischen ist die Anzahl angewandter Ethiken nahezu unüberschaubar: Medienethik, Wirtschaftsethik, Wissenschaftsethik, Umweltethik, Medizinethik, Bioethik, Risikoethik, Tierethik, Rechtsethik, Informationsethik, Computerethik, politische Ethik, Klimaethik, Roboterethik und last but not least die Technikethik und die Nachhaltigkeitsethik. Diese angewandten Ethiken und folglich die aus ihnen deduzierten Ethikkodizes stehen vor dem Problem, welche Ethik denn angewandt werden soll. Es gibt nämlich nicht *die* Ethik, sondern eine Vielfalt ethischer Theorien und Positionen, wie beispielsweise die hedonistische, deontologische, utilitaristische, vertragstheoretische und viele andere mehr. Dies legt die Frage nahe, ob es nicht zweckdienlicher und der Praxis angemessener ist, für bestimmte Bereiche bereichsspezifische ethische Theorien zu konzipieren (siehe hierzu u. a. Nida-Rümelin 2005, S. 61 ff.) und statt von angewandter Ethik besser von Bereichsethik zu sprechen.

Kodizes sind, so viel wurde aus dem Bisherigen bereit deutlich, eine Zusammenstellung oder ein Katalog von Regeln. Ethikkodizes beinhalten folglich als Untergruppe eine gegliederte Aufstellung moralischer Regeln, die für einen bestimmten Bereich bzw. für die Personen, die in diesem Bereich tätig sind, allgemeine Geltung beanspruchen. Bekannte Beispiele sind der *Code of Ethics* des Institute of Electrical and Electronics Engineers (IEEE 1990), die *ethischen Grundsätze des Ingenieurberufs* des Vereins Deutscher Ingenieure (VDI 2021) und die als *Pressekodex* bekannten publizistischen Grundsätze (Presserat 2014). Der älteste bekannte Kodex ist der *Hippokratische Eid.* Inzwischen gibt es eine Vielfalt von Ethikkodizes für die unterschiedlichsten Bereiche. Vielen dieser Kodizes mangelt es allerdings an ethisch-wissenschaftlicher Präzision und an einer ethisch-theoretischen Fundierung. Da Ethikkodizes handlungsleitende moralische Regeln aufführen und keine ethisch-wissenschaftlichen Thesen, Grundsätze oder Prinzipien, ist ihre Bezeichnung als Ethikkodex streng genommen nicht korrekt. Es sind vielmehr Moralkodizes, aber keine Ethikkodizes. In puncto dieser Moral- oder Ethikkodizes kann die Ethik als Moralwissenschaft beispielsweise die Aufgabe übernehmen, diese Kodizes auf Plausibilität, Objektivität, Konsistenz und Kohärenz zu prüfen. Und sie kann untersuchen, ob die in den Kodizes aufgeführten Regeln ggf. auf ein ethisches

Grundprinzip zurückgeführt werden können. Spezielle Handlungsregeln oder Handlungsgebote für ebenso spezielle Handlungssituationen aufzustellen, ist dagegen nicht ihre Aufgabe.

Neben dem Begriff der Moral gibt es einen weiteren relevanten Begriff, der gleichfalls untrennbar mit der Ethik und mit Ethikkodizes verknüpft ist, nämlich den der Freiheit. Hierbei sind verschiedene Arten von Freiheiten zu unterscheiden. Die Willensfreiheit, um die im Rahmen einer Freiheit-versus-Determinismus-Debatte besonders heftig zwischen Philosophen einerseits und Neurowissenschaftlern und Hirnforschern andererseits gestritten wird, ist insofern für die Ethik von Bedeutung, da sie eine notwendige Bedingung dafür ist, dass der Mensch überhaupt frei handeln kann, unabhängig davon, ob seine Handlungen nun Anspruch erheben, moralisch zu sein oder nicht. Gäbe es keine Willensfreiheit und würde folglich der Mensch nur Handlungen vollziehen, die durch die Struktur seines Gehirns biologisch oder physikalisch vorherbestimmt und damit unvermeidbar sind, so könnte der Handelnde nicht für seine Handlung verantwortlich gemacht oder gar bestraft werden. Dies würde die gesamte Rechtswissenschaft und das gesamte Gerichtswesen ad absurdum führen. Denn statt Gerichte und Gefängnisse bräuchte es Krankenhäuser, die auf die Reparatur von Gehirnen spezialisiert sind. Da dies absurd ist, wird die Willensfreiheit im Folgenden nicht in Zweifel gezogen.

Weiterhin zu unterscheiden sind die Freiheit *von etwas* und die Freiheit *für etwas* oder zu etwas. So kann man einerseits beispielsweise *frei sein von* Fesseln, Süchten, niederen Trieben, Bevormundung, Sachzwängen und anderem mehr. Andererseits ist man beispielsweise *frei für* ein Ehrenamt, für eine uneigennützige Hilfe oder für ein Engagement in einem Verein, Gemeinderat, Betriebsrat oder universitären Fachbereichsrat. Zur Freiheit für etwas gehört die Handlungsfreiheit als die Freiheit des Menschen sich für eine bestimmte Handlungsoption zu entscheiden. Die Freiheit für etwas ist für die Ethik von besonderer Bedeutung, denn sie vermag einer Handlung allererst das Prädikat zu verleihen, moralisch zu sein. Denn nur Handlungen, die frei ausgeführt werden und zudem ihren Zweck in sich selbst tragen, können den Anspruch auf eine moralische Handlung erheben, so zumindest nach Kant (siehe unten). Wenn beispielsweise jemand unter Gewaltandrohung gezwungen wird, eine ältere Person sicher über eine verkehrsreiche Straße zu führen, dann hat er keine moralische Handlung begangen, da hier die Bedingung der Freiwilligkeit nicht gegeben ist. Gleiches gilt, wenn beispielsweise ein Jugendlicher einer älteren Person nur widerwillig und bloß deshalb hilft, weil sein Vater, seine Mutter oder beide ihm mit dem Entzug des Taschengeldes für den Fall drohen, dass er nicht hilft. Auch dann handelt er nicht moralisch. Nur wenn eine Person sich aus freien Stücken zur guten Tat entscheidet und daraufhin freiwillig und völlig uneigennützig entsprechend handelt, hat sie de facto moralisch gehandelt.

An dieser Stelle kommt erneut der soeben bereits genannte Immanuel Kant ins Spiel. Denn Kant begründet, dass eine Handlung nur dann als moralisch prädiziert werden kann, wenn ihr Zweck nicht außerhalb, sondern in der Handlung selbst liegt. Wenn also eine jüngere Person einer älteren Person ausschließlich mit dem Ziel, der Erwartung oder der Hoffnung über die verkehrsreiche Straße hilft, auf der anderen Straßenseite als Dank für diese Hilfe einen oder gar zwei Euro zu erhalten, so ist ihre Handlung im Sinne von Kant keine moralische Handlung. Denn der Zweck ihrer Handlung lag in der Gewinnerwartung und damit außerhalb ihrer Handlung und nicht in ihr selbst. Die ältere Person war hier für die jüngere nur Mittel zum Zweck, aber nicht Zweck an sich. Dem trägt Kant mit seinem bekannten praktischen Imperativ Rechnung: »Handle so, daß du die Menschheit, sowohl in deiner Person, als in der Person eines jeden andern, jederzeit zugleich als Zweck, niemals bloß als Mittel brauchest« (Kant 1785, MdS, S. 429). Und ein paar Zeilen weiter: »Der Mensch aber ist keine Sache, mithin nicht etwas, das bloß als Mittel gebraucht werden kann, sondern muß bei allen seinen Handlungen jederzeit als Zweck an sich selbst betrachtet werden« (ebd.) Man beachte, dass Kant mit dem kleinen Wörtchen *bloß* in beiden Zitaten die Möglichkeit offen lässt, das moralisch Gute mit dem persönlich Nützlichen zu verbinden. Je mehr man aber dabei das Gewicht auf den persönlichen Nutzen legt, umso mehr wird der Andere instrumentalisiert und umso weniger moralisch ist die Handlung. Es gibt also stetige Grade der Moralität. Für die jüngere Person, die freiwillig und ohne jeglichen anderen Zweck einer älteren Person über die verkehrsreiche und gefährliche Straße hilft, bedeutet dies, dass sie die von der älteren Person völlig überraschend angebotene Ein-Euro-Münze durchaus annehmen darf, ohne dass dadurch ihre Handlung unmoralisch wird. Moralischer wäre sie allerdings, wenn sie die Münze selbstverständlich und ohne Zögern dankend ablehnen würde.

Die freie und durch keinen äußeren Zweck begleitete Ausführung einer Handlung ist eine nicht hintergehbare Grundbedingung moralischer Handlungen, zumindest bei Kant. Dies gilt uneingeschränkt auch für alle handlungsanleitenden moralischen Regeln in einem Ethikkodex. Die erforderliche Freiwilligkeit entspricht hier einer freiwilligen Selbstverpflichtung. Dies bedeutet, man verpflichtet sich freiwillig, die in einem Ethikkodex aufgeführten, moralischen Regeln oder Normen gemeinsam mit anderen einzuhalten. Im Ethikkodex des IEEE kommt diese freiwillige Selbstverpflichtung besonders deutlich zum Ausdruck. Dort steht: »We, the members of IEEE […] *commit ourselves* to the highest ethical and professional conduct and agree […]« (IEEE 1990, Kursivsetzung durch jhf). Im Anschluss daran folgen die zehn freiwillig einzuhaltenden Regeln.

Die erforderliche Freiwilligkeit moralischer Handlungen ist scheinbar mit einem Dilemma verknüpft. Denn wer sich freiwillig zu etwas verpflichtet und damit bindet, begrenzt als Resultat zwangsläufig seine eigene persönliche Freiheit. Verpflichtet sich beispielsweise eine Person freiwillig gemeinsam mit anderen, weder zu stehlen noch zu morden, schränkt sie ihre persönliche Freiheit ein. Denn sie verzichtet damit auf ihre Freiheit zu stehlen und zu morden. Aber dies ist nur die halbe Wahrheit. Denn durch diesen Verzicht auf Freiheit gewinnt sie gleichzeitig ein Mehr an Freiheit, da sie nun nicht mehr an jeder Straßenecke Angst haben muss, überfallen oder gar ermordet zu werden. Sie kann sich folglich weitaus freier bewegen als vor ihrem Verzicht. Die Begrenzung der Freiheit führt folglich de facto zu einer Erweiterung der Freiheit: Freiheit freiwillig begrenzen, um mehr Freiheit zu erlangen. Das Dilemma ist folglich nur ein scheinbares. Im Übrigen wünschen auch ein Dieb oder eine Diebin, dass alle Menschen sich allgemein dazu verpflichten, nicht zu stehlen, weil sie von dieser allgemeinen Verpflichtung ganz im Besonderen profitieren. Denn was haben eine Diebin oder ein Dieb davon, wenn sie mühsam eine Bank ausrauben und anschließend an der nächsten Straßenecke selbst bestohlen werden?

8.2 Ethiktheorien

Seit der Antike wurden immer wieder neue Ethiktheorien entwickelt, die auch heute nichts an ihrer Bedeutung verloren haben. Sie spielen gegenwärtig beispielsweise eine wichtige Rolle bei der Frage, nach welchen Regeln ein autonomes Fahrzeug in einer sogenannten Dilemma-Situation agieren soll, zum Beispiel einen alten Menschen überfahren, um einen jungen zu schützen. In diesem Abschnitt wird in einem Schnelldurchgang ein Blick auf die vier wohl bekanntesten ethischen Theorien gerichtet. Es sind dies die Tugendethik, der Utilitarismus, die Pflichtenethik oder deontologische Ethik und die Konsensethik (◻ Tab. 8.1). Alle diese vier Ethiktheorien sind mit bekannten Namen verbunden: Aristoteles, Kant, Mill und Habermas. Obgleich ihre ethischen Theorien sehr unterschiedlich sind, haben sie doch eines gemeinsam. Alle vier sind rationale oder auf Vernunft gründende Theorien. Auffallend an ihnen ist, dass sie stark durch das jeweils vorherrschende Menschenbild geprägt sind, das letztendlich ihre Unterschiede ausmacht.

Nach Aristoteles gründet, im Gegensatz zu seinem Lehrer Platon, das Gute und Gerechte nicht in abstrakten Ideen, an denen das konkrete, gute und gerechte Handeln lediglich teilhat. Aristoteles findet das Gute und Gerechte, für jedermann beobachtbar und erfahrbar, in seiner Stadt Athen, in der die Bewohnerinnen und Bewohner als soziale Wesen miteinander leben und arbeiten. In dieser Stadt (Polis) gibt es mustergültige, makellose Bürger, die allen anderen Vorbild sind. Es sind Bürger, die sich durch ein besonders tugendhaftes Handeln auszeichnen. Zu ihren Tugenden gehören die Gerechtigkeit, die Tapferkeit, das Maßhalten, die Klugheit, die Freundschaft und weitere mehr. Ihr Handeln folgt dem Weg der Mitte (mesotes-Regel), so begründet es Aristoteles in seinem ethischen Hauptwerk *Nikomachische Ethik*. Es ist die Mitte zwischen zwei Extremen. So liegt die Tapferkeit zwischen Feigheit und Übermut und das Maßhalten zwischen einem Zuviel und einem Zuwenig. Der Weg der Mitte ist das entscheidende Wesensmerkmal tugendhaften Handelns. Diesen mittleren Weg zu finden ist, wie Aristoteles selbst einräumt, nicht einfach. Es erfordert Lebenserfahrung und beständige Übung. Tugendhaftes Handeln wird so mit der Zeit zu einer edlen Gewohnheit. Tugend ist also nicht angeboren, sondern lehrbar und für alle erlernbar. Und so ganz nebenbei führt tugendhaftes

◻ **Tab. 8.1**   Ethische Theorien, ihre Begründer, ihr Menschenbild und ihre zentralen Begriffe

	Begründer	Menschenbild Mensch als	Zentrale Begriffe
Tugendethik	Aristoteles	Soziales Wesen	Tugend, Glück, Gerechtigkeit, mesotes
Pflichtenethik	Kant	Vernunftwesen	Autonomie, Freiheit, kategorischer Imperativ
Utilitaristische Ethik	Bentham und Mill	Nutzenorientiertes Wesen	Leid-Nutzen-Bilanz, Gesamtwohl
Konsensethik	Habermas	Kommunikatives Wesen	Konsens, Diskurs, Gründe, Argumente

Handeln, wie Aristoteles begründet, zu dem, wonach letztendlich alle Menschen streben: zur Glückseligkeit (eudamonia). Heute erscheint der Begriff der Tugend als weltfremd und veraltet. Doch dies ist ein Irrtum. Denn gerade in Bezug auf Nachhaltigkeit erweist sich dieser Begriff als außerordentlich modern (▶ Abschn. 8.5).

Während die Tugendethik des Aristoteles im konkreten und für jeden beobachtbaren Handeln tugendhafter Bürger gründet, versucht Immanuel Kant das zentrale Prinzip der Ethik allein mittels der Vernunft und damit losgelöst von jeglicher Erfahrung und Beobachtung abzuleiten. Es ist somit ein außerordentlich anspruchsvolles Vorhaben, das er in seinem Werk *Grundlegung zur Metaphysik der Sitten* darlegt. Warum wählt Kant einen solchen schwierigen Weg? Die Antwort lautet: Er möchte ein ethisches Prinzip begründen, das für alle Menschen Gültigkeit beanspruchen kann und damit unabhängig davon ist, an welchem Ort, zu welcher Zeit oder in welcher Kultur die Menschen aufwachsen oder Zuhause sind. Moralische Ansichten und Meinungen können in unterschiedlichen Kulturen divergieren, nicht aber, so Kant, das vernünftige, rationale, logische Denken. Wenn beispielsweise A gegeben ist und aus A notwendig B folgt, dann wird jedes mit Vernunft ausgestattete Wesen auf B schließen und nicht auf Nicht-B oder auf C. Ebenso wird kein vernünftiges Wesen behaupten, dass ein Sachverhalt zugleich gegeben und zugleich nicht gegeben ist. Dies ist der Grund, warum Kant den schwierigen Weg einschlägt, ein allgemeingültiges ethisches Prinzip abzuleiten, das *alle* Menschen allein aufgrund ihrer natürlichen Vernunft nachvollziehen, begreifen und einsehen können. Und dieser Weg führt Kant tatsächlich zu einem Ziel und dieses Ziel trägt den Namen *kategorischer Imperativ*. Er lautet:

» »[H]andle nur nach derjenigen Maxime, durch die du zugleich wollen kannst, daß sie ein allgemeines Gesetz werde« (Kant 1785, MdS, S. 421).

Kategorisch heißt dieser Imperativ, weil er nicht nur unter bestimmten Bedingungen und damit hypothetisch gilt, sondern unbedingt. Wer also überlegt, seinen Nachbarn oder seine Nachbarin zu bestehlen, muss sich gemäß dem kategorischen Imperativ auch überlegen, ob er möchte, dass dies allgemein erlaubt und damit ein allgemein gültiges Gesetz werden soll. Wer auch nur einigermaßen vernünftig ist, wird dies ablehnen. Denn, falls nicht, muss er nach seinem Diebstahl jederzeit damit rechnen, selbst Opfer eines Diebstahls zu werden und zwar völlig legal und ohne das der Dieb oder die Diebin bestraft werden würde, da diese einem allgemeinen Gesetz folgen.

Kants Ethik ist eine Gesinnungs- und Pflichtenethik (deontologische Ethik, gr. deon: Pflicht). Sie ist eine Gesinnungsethik, weil allein die Motivation oder Absicht zu einer Handlung und damit allein die Gesinnung des Handelnden über den moralischen Wert einer Handlung entscheidet und nicht die Handlungsfolge. Oder anders formuliert: Allein die gute Absicht zählt. Wer also in guter Absicht einem Freund oder Freundin bei einer Aufgabe oder Tätigkeit hilft, diese Hilfe aber unglücklicherweise fehlschlägt und Freund oder Freundin vielleicht sogar zu schaden kommen, hat dennoch nach Kant moralisch gut gehandelt.

Warum ist Kants Ethik eine Pflichtenethik? Um diese Frage zu beantworten, ist zunächst ein weiterer zentraler Begriff der Ethik Kants zu betrachten. Es ist der Begriff der Autonomie (gr. auto: selbst; nomos: Gesetz). Die Autonomie gehört zum Wesen des Menschen. Der Mensch untersteht aufgrund seines Körpers zwar, wie alles andere auch, den Naturgesetzen, aber er ist, anders als beispielsweise ein Stein, auch in der Lage sich selbst praktische Regeln und Gesetze zu geben und sich frei für diese oder jene Handlung zu entscheiden. Autonomie, Selbstbestimmung und Freiheit bestimmen die Würde des Menschen. Er wird daher vor allem solchen Regeln und Gesetzen folgen, die seiner eigenen Vernunft entspringen oder die er mittels eigenem Nachdenken als vernünftig erachtet. Und eine solche, allein auf Vernunft gründende Regel ist der kategorische Imperativ. Jedes vernünftige Wesen wird sich folglich aus eigener Einsicht und freiwillig verpflichten, diesem Imperativ zu folgen. Die Pflicht, diesem Imperativ Folge zu leisten, wird also nicht von Außen im Sinne eines Befehls aufgezwungen, dem Gehorsam zu leisten ist, sondern entspringt aus dem Inneren des Menschen selbst, aus seiner Autonomie und Freiheit. Der Mensch überträgt sich freiwillig aufgrund eigener, vernünftiger Überzeugung die Pflicht, dem Imperativ Folge zu leisten. Aus diesem Grund können auch nur freiwillig ausgeführte Handlungen Anspruch auf Moralität erheben. Wer folglich einem anderen Menschen hilft, weil er mit Gewalt dazu gezwungen wird, hat keine moralische Handlung und keine gute Tat vollbracht.

Das menschliche Glück, welches bei Aristoteles noch Motivation zum tugendhaften und damit moralischen Handeln war, hat bei Kant kaum noch Bedeutung. Wenn eine moralische Handlung eine Person glücklich macht, dann ist dies ein erfreulicher Nebeneffekt, nicht mehr und nicht weniger. Das Ziel der Glückseligkeit liegt bei Kant außerhalb der Moral.

Die durch Jeremy Bentham und John Stuart Mill begründete utilitaristische Ethik steht im totalen Gegensatz zur Ethik Kants. Denn in ihr bestimmt nicht die Absicht oder Motivation den moralischen Wert einer Handlung, sondern allein ihre Folge, ihr Ergebnis. Wer folglich widerwillig oder sogar unter Gewaltandrohung einem anderen Menschen hilft, hat eine moralische Handlung verrichtet, sofern die Hilfe von Erfolg gekrönt ist. Und die maßgebende Größe der Handlungsfolge ist der Nutzen (lt. Utilitas: Nutzen) der Handlung, denn der Mensch ist ein am Nutzen orientiertes Wesen. Allerdings sind für Bentham und Mill nicht der Nutzen für eine einzelne handelnde Person maßgebend, sondern der Nutzen für die Gesamtheit aller Personen. Eine Handlung ist folglich nur dann von moralischem Wert, wenn sie den Gesamtnutzen oder das Gesamtwohl aller Personen bzw. sogar der gesamten Welt erhöht und damit zugleich das Leid in seiner Summe verringert. Ziel ist daher die Maximierung der Nutzen-Leid-Bilanz. Während Bentham allerdings nur Materielles und damit rein Quantitatives in diese Bilanz einbezieht, weitet Mill in seinem 1861 publizierten Werk *Utilitarianism* diese Bilanz erstens auf Qualitatives aus (Poesie, Bildung) und gewichtet zweitens das Qualitative sogar höher als das Quantitative.

Auch wenn auf den ersten Blick die Erhöhung des Wohls aller Menschen als durchaus erstrebenswertes moralisches und soziales Ziel erscheint, so zeigen sich auf dem zweiten Blick doch auch Nachteile. Eine besonders gravierende Konsequenz ist, dass Minderheiten benachteiligt werden. Denn wenn die Unterdrückung einer Minderheit den Nutzen der Mehrheit mehrt, dann ist es aus utilitaristischer Sicht moralisch geboten, die Minderheit zu unterdrücken. So ist aus utilitaristischer Sicht der Bau einer neuen Flughafen-Startbahn moralisch geboten, weil die Mehrheit der Bevölkerung von dieser neuen Startbahn profitiert, obgleich die Anwohner und Anwohnerinnen als Minderheit einer erhöhten Lärmbelästigung ausgesetzt sind. Zum anderen wird die Handlungsfreiheit des einzelnen Individuums erheblich eingeschränkt. Denn der Einzelne muss in jedem Fall sein Tun in Bezug auf das Wohl aller beurteilen und ggf. seine beabsichtigte Handlung verwerfen. Eine individuelle Lebensgestaltung und Lebensplanung wird ihm dadurch verwehrt. Aus diesem Grund wurde der Utilitarismus im Laufe der Jahre modifiziert. Nicht mehr die einzelne Handlung steht seitdem im Vordergrund (Handlungsutilitarismus), sondern Regeln, die dem Prinzip des Utilitarismus entsprechen (Regelutilitarismus). Der Einzelne muss nun nicht mehr jede einzelne seiner Handlungen abwägen und auf den Nutzen für das Gemeinwohl beurteilen, sondern nur noch prüfen, ob seine Handlung regelkonform ist oder nicht.

Die utilitaristische Ethik wird gerne zur ethischen Beurteilung des autonomen Fahrens herangezogen. Denn gemäß dieser Ethik ist autonomes Fahren moralisch geboten, weil die Zahl der Verkehrstoten mit großer Wahrscheinlichkeit ingesamt sinken wird. Warum? Weil autonome Fahrzeuge weder Alkohol noch andere Drogen zu sich nehmen und auch nicht übermütig zu schnell in enge Kurven fahren oder leichtsinnig überholen.

Nach Jürgen Habermas ist der Mensch ein rationales, kommunikatives Wesen. Er wird sich also bei moralischen Problemen mit anderen zusammensetzen und in einem fairen Diskurs nach den besten Gründen und Argumenten suchen (Habermas 1991). Er wird nicht auf seiner Meinung beharren, wenn er zur Einsicht kommt, dass sie falsch ist oder seine Argumente schwächer und weniger plausibel sind als andere. Zur Fairness des Diskurses gehört auch, dass allen Teilnehmerinnen und Teilnehmern das gleiche Rederecht eingeräumt wird und alle gemeinsam nach den besten Gründen und Argumenten suchen. Ziel des Diskurses ist es, einen Konsens zu finden, dem alle zustimmen können. Dazu gehört, dass jeder Einzelne das gemeinsam gefundene beste Argument akzeptiert. Habermas nennt dies den *zwanglosen Zwang* des besseren Arguments (Habermas 1995, S. 47). Solche fairen Diskursbedingungen wird man allerdings in der Praxis kaum vorfinden, was auch Habermas einräumt. Es sind ideale Diskursbedingungen, die obgleich nicht erreichbar, dennoch erstrebenswert sind. Teilnehmer und Teilnehmerinnen eines realen Diskurses können und sollten sich also zumindest bemühen, sich diesem Ideal zu nähern. Denn ein solcher dialogischer Diskurs ist allemal besser, als » parallel verlaufende Monologe, die vielleicht durch ihren lauten, aggressiven Ton die Aufmerksamkeit anderer auf sich ziehen. Monologe aber verpflichten niemanden, sodass ihr Inhalt nicht selten opportunistisch und widersprüchlich ist« (Papst Franziskus 2020, S. 132).

Betrachten wir ein fiktives und zugegebenermaßen heikles Beispiel. Nehmen wir an, zehn Personen sitzen in einem Boot, das untergehen wird, wenn nicht drei Personen von Bord gehen. Wie würden die Bootsinsassen entscheiden, wenn sie sich die aristotelische Tugendethik, den kategorischen Imperativ von Kant, die utilitaristische Ethik oder die Konsenstheorie von Habermas zu eigen machen? Sind alle zehn Insassen Aristoteliker und damit tugendhafte Personen, so kann vermutet werden, dass drei Insassen freiwillig von Bord gehen, um die anderen sieben zu retten. Wenn alle Insassen Kantianer sind, wird die Sache schon schwieriger. Denn wie soll das allgemeine Gesetz lauten, dem alle in der konkreten Situation zustimmen? Würden die drei ältesten Insassen wohl zustimmen, wenn das allgemeine Gesetz das Überbordgehen der Ältesten fordert? Davon ist nicht auszugehen. Würden die drei finanziell Ärmsten zustimmen, wenn das allgemeine Gesetz das Überbordgehen der Ärmsten fordert? Davon ist gleichfalls nicht auszugehen. Denkbar ist, dass sich die Insassen für Würfeln entscheiden und dem allgemeinen Gesetz zustimmen, dass in solchen Situationen stets der Würfel entscheiden soll. Nach der utilitaristischen

Ethik ist zumindest klar, dass drei Insassen von Bord gehen müssen, um das Wohl der zurückbleibenden Mehrheit zu sichern. Es geht beim Utilitarismus aber nicht nur darum, das Wohl der im Boot Bleibenden zu sichern, sondern zu maximieren. Dies bedeutet, dass diejenigen drei Insassen über Bord gehen müssen, die am wenigsten zum Gesamtwohl der sieben Geretteten beitragen. Es wird allerdings nicht einfach sein, diese drei zu ermitteln. Nach Habermas würden die zehn Insassen in einen gemeinsamen, fairen Diskurs eintreten, Gründe und Argumente abwägen, um schließlich zum besten Argument zu gelangen, denen alle zehn Bootsinsassen zustimmen. Auch hier ist schwierig abzusehen, zu welcher Lösung die Insassen kommen, vielleicht wie bei den Kantianern zur Würfellösung.

Zugegeben, das Beispiel ist fiktiv und lässt viele Fragen offen. Sind nur Erwachsene an Bord oder auch Kinder? Welches Körpergewicht haben die einzelnen Insassen, sodass ggf. nur die beiden schwersten Insassen über Bord gehen müssen, um die anderen acht zu retten? Die exemplarische Erörterung setzte zudem voraus, dass alle Insassen rational entscheiden und nicht emotional, was wohl in dieser tragischen Situation gleichfalls eher unwahrscheinlich ist. Trotz dieser Unzulänglichkeiten des Beispiels zeigt es doch, wie unterschiedlich Entscheidungen ausfallen können, je nachdem, welche Ethiktheorie man zugrunde legt. Daraus allerdings den Schluss zu ziehen, dass diese Theorien überflüssig sind, wäre ein Trugschluss. Denn wir kommen sowohl im Alltag als auch im Berufsleben um ethische Reflexionen nicht herum, wie das bereits aufgeführte reale Beispiel des autonomen Fahrzeugs zeigt. Andere Beispiele zeigen sich in der Frage, ob Sterbehilfe erlaubt werden soll und, falls ja, unter welchen Bedingungen, und ob bei Pandemien eine Impfpflicht moralisch vertretbar und ethisch begründbar ist. Gerade in jüngster Zeit häufen sich derartige ethische Fragestellungen. Ethische Prinzipien, moralische Regeln und Ethikkodizes geben unseren Handlungen dabei eine verlässliche Orientierung und verleihen dem gesellschaftlichen Miteinander eine vernünftige Struktur.

8.3 Ethikkodizes

Ethikkodizes spiegeln das moralische Selbstverständnis derjenigen Berufsgruppen wider, für die sie erstellt wurden. Angehörige dieser Berufsgruppen sollten jedoch dem für sie maßgebenden Ethikkodex nicht blind folgen, sondern ihn reflektieren und hinterfragen und ihn nur dann für ihr berufliches Handeln als Orientierung nehmen, wenn sie ihn als vernünftig erachtet haben. Denn nur dann folgen sie dem Ethikkodex aus Einsicht. Ein Wissen über die Hintergründe der Entstehung von Ethikkodizes erweist sich dabei als sehr hilfreich.

Ein Ethikkodex ist ein Katalog oder eine Zusammenstellung handlungsleitender moralischer Regeln. Es geht in diesen Regeln folglich nicht um das, was ist, sondern um das, was sein soll. Die allgemeine Akzeptanz und Geltung dieser Regeln innerhalb eines bestimmten Bereiches ist eine Grundbedingung ethischer Kodizes. Nur wenn diese gegeben ist, vermag ein Ethikkodex zwischenmenschlichen Handlungen eine gewisse Ordnung, Struktur, Orientierung und Verlässlichkeit innerhalb des Geltungsbereiches zu geben. Damit er diese Aufgabe erfüllen kann, sind bei seiner Erstellung eine Reihe möglicher Schwierigkeiten zu beachten und zu vermeiden.

Für jeden Ethikkodex gilt, da er moralische Regeln oder Normen aufstellt, zunächst die durch Schopenhauer formulierte Alltagsweisheit: »Moral predigen ist leicht, Moral begründen schwer« (Schopenhauer 1840, S. 459). Einen Ethikkodex zu erstellen ist ergo ein Leichtes. Ein paar Regeln sind schnell zur Hand. Einen solchen Kodex aber im Ganzen und seine Regeln im Einzelnen zu begründen, ist dagegen im Sinne Schopenhauers eine schwierige Aufgabe. Einige dieser Schwierigkeiten wurden bereits oben aufgedeckt. Im Folgenden werden diese gemeinsam mit weiteren aufgelistet und erläutert, um damit mögliche Fallstricke beim Erstellen, Prüfen und Beurteilen von Ethikkodizes aufzuzeigen. Die Auflistung ist sicherlich nicht vollständig und die Explikation der aufgeführten möglichen Schwierigkeiten nur auf wenige Hinweise begrenzt. Dies ist aber für die Absicht, eine Vorstellung über mögliche Komplikationen bei der Erstellung von Ethikodizes zu vermitteln, völlig hinreichend. Die folgende Auflistung und Erörterung geben also keine Kochrezepte oder detaillierte Bauanleitungen für Ethikkodizes wieder. Dies wäre auch nicht möglich, da Ethikkodizes von Bereich zu Bereich in puncto ihrer Anforderungen stark variieren. Ein Ethikkodex für Medizinerinnen und Mediziner wird andere Regeln aufweisen, als einer für Techniker und Technikerinnen, Journalistinnen und Journalisten oder Ökonomen und Ökonominnen.

Bereichsethiken und ihre jeweiligen Ethikkodizes spielen heute in den unterschiedlichen Fachdisziplinen und Berufsfeldern eine entscheidende Rolle. Sie haben zwar nicht die Verbindlichkeit wie staatlich erlassene Gesetze, aber sie geben den Angehörigen der Fachdisziplinen in vielen uneindeutigen Handlungssituationen eine wertvolle, praktische Orientierung. Und sie prägen und stärken das Selbstbild und Selbstverständnis der einzelnen Berufsgruppen und Fachdisziplinen. So ist es kein Zufall, dass Verbände wie der IEEE, der VDI, der Journalistenverband u. a. sich schon recht früh einen eigenen Ethikkodex gegeben haben. Viele Institutionen unterhalten einen eigenen Ethikrat, beispielsweise Krankenhäuser. Überregional bekannt sind der Deutsche Ethikrat und der Ethikrat der UEFA. Der Erfolg oder Misserfolg von berufsspezifischen Ethikkodizes hängt wesentlich davon ab, ob seinen Regeln nur mehr oder weniger widerwillig oder aus Einsicht gefolgt wird, weil seine Regeln als vernünftig erachtet werden. Die Einsicht wird gefördert, wenn den Akteuren die Bedingungen, Hintergründe und Genese eines Ethikkodex aufgezeigt werden.

i. Auswahl und Begründung der Regeln

Wird die Absicht verfolgt, einen Ethikkodex zu erstellen oder zu beurteilen, dann stellt sich zunächst die Frage, welche Regeln er beinhalten soll bzw. bereits beinhaltet. Regeln sind, wie vorhin erkannt, schnell zur Hand. Es ist folglich eine Entscheidung zu treffen, welche Regeln in den Kodex aufgenommen werden und welche nicht. Hierzu ist ein Entscheidungskriterium erforderlich. Dieses muss transparent und allgemein akzeptiert sein, da ansonsten der Kodex keinen Anspruch auf allgemeine Geltung erheben kann. Was aber, wenn nun mehrere und vielleicht sogar divergierende Entscheidungskriterien zur Auswahl stehen? In diesem Fall ist also zunächst eine Entscheidung zu treffen, welches Kriterium zur Entscheidung über die Aufnahme einer moralischen Regel in den Kodex verwendet werden soll. Das Problem hat damit eine höhere Stufe erlangt. Denn um diese Vorentscheidung zu treffen ist nun erneut ein Entscheidungskriterium nötig. Es ist erforderlich, um vorab zwischen der Vielfalt an Kriterien zu entscheiden, die eine Regelauswahl für den Kodex ermöglichen. Was aber, wenn es nun wieder mehrere Kriterien gibt? Und die gibt es sicherlich. Der Vorgang einer begründeten Entscheidungsfindung anhand von Kriterien mündet unweigerlich in einen regressus in infinitum oder in das bekannte Problem der Letztbegründung. Wie kann man diesen Regress stoppen und das Problem der Letzbegründung lösen? Dies kann beispielsweise dadurch erreicht werden, dass man dem Regress einen festen Anfang gibt. In der Vergangenheit wurde dies zumeist durch eine unbezweifelbare und nicht weiter hintergehbare Autorität geleistet, die zugleich als Letztbegründung fungierte. Diese Autorität kann Gott, ein Kirchenvater, die Bibel, der Koran oder irgendeine andere religiöse oder nicht-religiöse Autorität sein. Auch die Erstellung von Verfassungen und Grundgesetzen von Staaten steht vor diesem Problem (siehe u. a. Franz 2009, S. 56 ff.). So findet sich in der Präambel des Grundgesetzes der Bundesrepublik Deutschland vom 23. Mai 1949 die folgende auf Gott gründende Formulierung: »Im Bewusstsein seiner Verantwortung vor Gott und den Menschen [...] hat sich das Deutsche Volk [...] dieses Grundgesetz gegeben.« Ein ähnlicher Bezug oder Rekurs auf Gott findet sich in den Verfassungen oder Grundgesetzen vieler anderer Nationen.

Aufgrund der Globalisierung arbeiten heute immer häufiger Personen unterschiedlicher kultureller und religiöser Herkunft zusammen, einschließlich Atheisten und Personen, die keiner Religionsgemeinschaft angehören. Dieser Tatsache muss ein Ethikkodex Rechnung tragen. Seine Letztbegründung kann daher nicht mehr mit Rekurs auf eine Autorität geleistet werden. Als nicht-transzendente und innerweltliche Möglichkeit, den unendlichen Regress zu vermeiden, bietet sich der Konsens an. Ein solcher Konsens kann beispielsweise in einem rationalen Diskurs unter fairen Diskursbedingungen entwickelt werden, wie ihn Habermas konzipierte. Ein solcher Diskurs gründet auf einem fairen Austausch von Argumenten und auf der gemeinsamen Zustimmung aller am Diskurs Beteiligten, beispielsweise für die in ihm entwickelten moralischen Normen und Regeln eines Ethikkodex. »In diesem Diskurs zählen nur öffentliche Gründe, also Gründe, die auch jenseits einer partikularen Glaubensgemeinschaft überzeugen können« (Habermas 2005, S. 255). In diesem Sinne muss ein Ethikkodex das Filter der Diskursbedingungen passieren, um allgemeine Akzeptabilität beanspruchen zu können. Obgleich der rationale Diskurs als ein adäquates und vor allem als ein allgemein zumutbares Mittel erscheint, die Regeln für einen Ethikkodex auszuwählen und zu begründen, ist es doch strittig, ob die erforderlichen fairen Diskursbedingungen de facto realisiert werden können. Selbst wenn dies gelänge, wäre damit die angestrebte objektive Geltung der Regeln noch nicht erreicht. Streng genommen wäre die Geltung nicht objektiv, sondern intersubjektiv (vgl. Horster 2011, S. 57). Es gibt weitere Alternativen, die aber hier nicht aufgeführt werden müssen, da die Problematik bereits deutlich ist: Ethikkodizes können nur dann die angestrebte allgemeine Geltung erlangen, wenn die Auswahl der Regeln anhand allgemein akzeptierter und begründeter Kriterien erfolgt. Es versteht sich daher von selbst, dass ein berufsspezifischer Ethikkodex, der nicht auf einer allgemeinen Zustimmung und Geltung gründet, seinen moralischen Zweck nicht erfüllen kann.

Die Begründung der einzelnen moralischen Regeln eines Ethikkodex steht vor dem gleichen Problem oder der gleichen Frage wie ihre soeben erörterte Auswahl. Die Antwort kann daher hier unmittelbar gegeben werden und ähnelt der soeben aufgeführten: Ethikkodizes können nur dann allgemeine Geltung beanspruchen, wenn jede einzelne ihrer Regeln plausibel, transparent und allgemein, d. h. von allen Beteiligten, akzeptiert ist. Plausibel ist die Regel, wenn sie wohl begründet und intersubjektiv nachvollziehbar ist.

ii. Konsistenz und Kohärenz

Die Regeln eines Ethikkodex müssen konsistent und kohärent sein. Dies bedeutet, sie dürfen einerseits einander nicht widersprechen. Es ist folglich die Möglichkeit auszuschließen, dass die Einhaltung einer Regel nicht zugleich die Verletzung einer anderen notwendig impliziert. Andererseits müssen alle Regeln ein geschlossenes Ganzes ergeben. Dies bedeutet, dass jede neue Regel sich kohärent in die bereits vorhandenen Regeln einfügen muss. Probleme dieser Art treten aber nicht nur bei den Regeln eines Ethikkodizes auf, sondern auch bei Gesetzen, sogar innerhalb des Grundgesetzes. So kam es während der Corona-Pandemie zu einem Konflikt zwischen dem grundgesetzlich verankerten Recht auf Freiheit bzw. auf freie Entfaltung seiner Persönlichkeit (Art 2, Abs. 1) und dem ebenfalls grundrechtlich verankerten Recht auf körperliche Unversehrtheit (Art. 2, Abs. 2) bzw. Gesundheit.

iii. Objektivität

Ethikkodizes und jede einzelne ihrer moralischen Regeln müssen objektivierbar und damit verallgemeinerbar sein. Denn nur damit wird eine breite Zustimmung und, im besten Fall, ihre universelle Geltung ermöglicht. Subjektive Regeln haben in einem Ethikkodex nichts verloren.

iv. Balance

Die moralischen Regeln eines Ethikkodex liegen in puncto ihrer inhaltlichen Aussage zwischen allgemeinen ethischen Prinzipien und besonderen moralischen Handlungsgeboten in ebenso besonderen Handlungssituationen. Im ersten Fall sind sie nur schwer zu operationalisieren und zu praktizieren. So ist die Goldene Regel zwar einsichtig, aber in komplexen Handlungssituationen nicht unmittelbar in eine Handlungsentscheidung zu überführen. Gleiches gilt für den kategorischen Imperativ Kants. Im Grenzfall würde es sogar hinreichen, in einem Ethikkodex nur diesen einzigen Imperativ oder die Goldene Regel als ethisches Grundprinzip aufzuführen. Der Kodex wäre dann sogar in der Tat ein echter Ethikkodex und kein Moralkodex, da er keine speziellen moralischen Regeln vorgibt, sondern nur ein einziges, allgemeines ethisches Prinzip, aus dem diese Regeln dann von Fall zu Fall deduziert werden können. Allerdings wäre es dann jeweils dem Handelnden überlassen, aus diesem Prinzip in konkreten Situationen und mitunter sehr rasch eine der Situation entsprechende Handlung abzuleiten, was sicherlich keine leichte Aufgabe und in vielen Fällen gar nicht zu leisten ist.

Im zweiten Fall sind dagegen unendlich viele Regeln erforderlich, da keine Handlungssituation mit einer anderen identisch ist und es ergo unendlich viele zu regelnde Handlungssituationen gibt. Es gibt eine unendliche Vielfalt von Situationen und damit stets auch eine unendliche Vielfalt an möglichen Handlungen bis hin zur Nichthandlung. Aufgrund dessen ist es grundsätzlich unmöglich, einen Ethikkodex zu konzipieren, der für jede nur denkbare konkrete Situation eine adäquate konkrete Handlungsanweisung gibt, beispielsweise in der Form: In der konkreten Situation A, die durch den Ort a, die Zeit b, das Wetter c, eine Person des Geschlechts d, des Alters e, des Körpergewichts f und der Größe g usw. gegeben ist, sollte diese Person die Handlung B ausführen, die darin besteht, dass sie zunächst x realisiert und sodann y und schließlich z. Dieses Problem zeigt sich allerdings nicht nur bei Ethikkodizes. Auch Strafgesetzbücher können nicht alle denkbaren Verstöße aufführen, da es derer gleichfalls unendlich viele gibt, da kein Gesetzesverstoß exakt einem anderen gleicht.

Bei der Erstellung und Beurteilung von berufsspezifischen Ethikkodizes ist folglich auf eine Balance zwischen zu allgemeinen Regeln einerseits und zu konkreten Regeln andererseits zu achten.

v. Präskription

Die Regeln eines Ethikkodex sind moralische Regeln. Als solche sind sie keine deskriptiven Aussagen, die urteilen, was ist, sondern präskriptive Aussagen, die vorgeben, was sein soll. Sie können folglich grundsätzlich als Sollensregeln oder Sollenssätze formuliert oder zumindest paraphrasiert werden. Ist dies nicht möglich, so ist kritisch zu prüfen, ob es sich überhaupt um einen Ethikkodex handelt und nicht bloß um eine Wunschliste oder einen Anforderungskatalog. Der Code of Ethics des IEEE ist beispielsweise nicht in Form von Sollenssätzen geschrieben. Wie man aber leicht nachweisen bzw. leicht selbst prüfen kann, ist bei allen zehn Regeln dieses Kodex eine Transkription in Sollenssätze ohne Mühe durchführbar.

vi. Freiwillige Selbstverpflichtung

Ethikkodizes gründen auf Freiwilligkeit. Kodizes, die auf Zwang oder Strafandrohung gründen sind keine Ethikkodizes, sondern verbindliche Rechtsvorschriften. Daher ist es zweckmäßig, den moralischen Regeln eines Ethikkodex eine Präambel voranzustellen, welche die freiwillige Selbstverpflichtung zu den darauf folgenden Regeln unmissverständlich zum Ausdruck bringt. Ethikkodizes beinhalten keine rechtlich verbindlichen Gesetze, deren Nichtbeachtung unter Strafe steht, sondern moralische Regeln, die dadurch ihre allgemeine, objektive Geltung erlangen, dass alle Beteiligten sich gemeinsam freiwillig zur Einhaltung dieser Regeln verpflichten. Die Missachtung einer moralischen Regel steht nicht unter Strafe, vorausgesetzt es wird dabei nicht zugleich ein Gesetz gebrochen. Die Missachtung einer Regel eines Ethikkodex ist moralisch verwerflich. Diese Missachtung der Regel ist stets begleitet von einer Missachtung durch die Gemeinschaft, die sich diesen Regeln verpflichtet hat. Wer also eine moralische Regel eines Ethikkodex missachtet, kann daher von der Gemeinschaft zur Rechenschaft gezogen werden. Denn ebenso wie bei der Verletzung von Gesetzen trägt man auch bei der Missachtung von moralischen Regeln eine Verantwortung. Die Gemeinschaft darf erwarten, dass sie von der Person, welche eine ihrer moralischen Regeln missachtet, eine Antwort auf die Frage erhält, warum sie die Regel missachtet hat.

Die Missachtung moralischer Regeln ist, wie die Erfahrung lehrt, keine Seltenheit. Dies gilt auch für Kodizes, wie beispielsweise das Verhalten einer beachtlichen Zahl von Unternehmen zeigt, die Mitglied des United Nation Global Compact (UNGC) sind. Der Global Compact ist eine »strategische Initiative für Unternehmen, die sich verpflichten, ihre Geschäftstätigkeiten und Strategien an zehn universell anerkannten Prinzipien aus den Bereichen Menschenrechte, Arbeitsnormen, Umweltschutz und Korruptionsbekämpfung auszurichten« (United Nations Global Compact Network 2014). Die Verpflichtung, das eigene Unternehmen an diesen zehn universellen Prinzipien auszurichten, die als Nachhaltigkeitskodex interpretiert werden können, gründet ebenso wie bei einem Ethikkodex auf Freiwilligkeit. Als Gegenleistung darf das Unternehmen das inzwischen sehr begehrte Global Compact Logo auf seinen Internetseiten, Geschäftsbriefen und Werbebroschüren platzieren. Es ist vor allem deswegen begehrt, weil es Wettbewerbsvorteile im Konkurrenzkampf verspricht. Dies ist zunächst nicht verwerflich. Kritik ist aber dann angebracht, wenn das Unternehmen sich durch dieses Logo öffentlich als ein nachhaltiges Unternehmen präsentiert und zugleich unternehmesintern seine nachhaltige Entwicklung vernachlässigt oder gar gegen grundlegende Nachhaltigkeitsprinzipien verstößt, was heute unter dem Begriff des Bluewashing oder Greenwashing bekannt ist. Im Jahre 2010 publizierte die Wochenzeitung Die Zeit eine Statistik, aus der hervorgeht, dass 19 % der Unterzeichner des Global Compact den Umweltschutz missachten, neun Prozent Arbeitsrechte verletzen und vier Prozent gegen Menschenrechte verstoßen. Bei weiterer vier Prozent konnte Korruption nachgewiesen werden (DIE ZEIT 2010, No. 35, 9. Dezember). Dies ist ein deutlicher Missbrauch, denn der Zweck des Handelns liegt hier eindeutig außerhalb einer nachhaltigen (oder moralischen) Handlung.

vii. Zwecke

Ganz im Sinne Kants sind die moralischen Regeln eines Ethikkodex so zu gestalten, dass sie ausschließlich zu moralischen Handlungen auffordern. Dies ist der alleinige Zweck moralischer Regeln. Regeln, die beispielsweise ökonomischen, technischen oder anderen nicht moralischen Zielen verpflichtet sind, sind keine moralischen Regeln und gehören nicht in einen Ethikkodex. In diesem Sinne ist die folgende Regel eine ökonomische, aber keine moralische: Du sollst so handeln, dass der Gewinn des Unternehmens maximiert wird. Ob dieser Gewinn in moralischer oder unmoralischer Weise erzielt wird, ist dabei belanglos. Denn dies legt die Regel nicht fest. Primärer Zweck der Regel ist allein der monetäre Gewinn. Es ist zwar denkbar, dass dieser Gewinn moralischen Zwecken zugeführt wird. Aber solange dieser moralische Zweck nicht als primärer Zweck der Regel zu erkennen ist, ist sie keine moralische Regel und damit keine Regel eines Ethikkodex. Die folgende Regel ist dagegen eine moralische, da ihr primärer Zweck unverkennbar ein moralischer ist: Du sollst die Mitarbeiterinnen und Mitarbeiter deines Unternehmens fair behandeln und gerecht entlohnen.

viii. Ethische Fundierung

Bei der Erstellung von Ethikkodizes und ihrer moralischen Regeln ist vor allem auf ihre ethische Fundierung zu achten. Ohne eine ethisch-theoretische Fundierung sind Ethikkodizes immer der Gefahr der Willkürlichkeit, Laienhaftigkeit und Ungenauigkeit ausgesetzt. Ein bereichsbezogener Ethikkodex sollte daher stets von Fachexperten des Bereichs, beispielsweise von Ingenieurinnen und Ingenieuren, Technikerinnen und Technikern, gemeinsam mit Moralwissenschaftlerinnen, also mit Ethikern erstellt werden. Dabei sind gleichzeitig möglichst alle dem Bereich zugehörigen Personen oder Vertreterinnen dieser Personen in den Prozess der Erstellung einzubeziehen. Denn nur so kann eine freiwillige Selbstverpflichtung, den Regeln des Kodex zu folgen, erwartet werden.

8.4 **Werte**

Die Regeln eines Ethikkodex gründen vielfach auf Werten. Beide Begriffe – Regel und Wert – sind zu unterscheiden. Eine Regel kann zwar auf Werte Bezug nehmen, aber sie ist selbst kein Wert. Gleiches gilt für den Begriff der Norm, der hier synonym mit dem der Regel verwendet wird. Auch er ist kein Wert. Regeln oder Normen eines Ethikkodex gründen daher auf etwas, das allgemein als wertvoll geachtet oder als wertvoll geschätzt wird. Aber woher weiß man, ob das, was in den Regeln zum Ausdruck gebracht wird, allgemein wertgeschätzt wird? Gibt es überhaupt objektive und damit verallgemeinerbare Werte oder sind Werte subjektiv? Hier gehen die Positionen weit auseinander (siehe z. B. Ritter et. al. 2004, S. 556 ff.; Horster 2011, S. 59 ff.). Ein plausibler Mittelweg ist, dass es zwar objektive Werte gibt, aber dass sie subjektiv und kulturell unterschiedlich verwirklicht oder gelebt werden.

Der Begriff des Wertes hat seine Wurzeln im ökonomischen Bereich (Ritter et. al. 2004, S. 556). Heute ist der Begriff des Wertes außerordentlich facettenreich. Es gibt wirtschaftliche, technische, kulturelle, religiöse und moralische Werte und viele weitere mehr. Die Regeln eines Ethikkodex nehmen unmittelbar auf moralische Werte Bezug, ansonsten ist es kein Ethikkodex. Dies bedeutet nicht, dass andere Werte nicht mittelbar einfließen. So wird beispielsweise in der folgenden moralischen Handlungsregel indirekt ein kultureller Wert mit berücksichtigt: Du sollst alle Personen unabhängig von ihrer kulturellen Herkunft fair behandeln. Der moralische Wert, der hier im Vordergrund steht und die Regel als eine moralische ausweist, ist der Wert der Fairness. Dagegen gehört die nachfolgende technische Regel nicht in einen Ethikkodex, da sie keinen moralischen Wert zum Ausdruck bringt: Du sollst technische Geräte so herstellen, dass sie funktionieren. Dieses Gebot gründet auf dem technischen Wert der Funktionalität. Ohne Zweifel ist ein funktionstüchtiges, technisches Gerät wertvoller als ein nicht funktionsfähiges, aber mit Moral hat Funktionalität nichts gemeinsam. Ähnlich auch der Ausruf ›Can Do!‹, der dazu auffordert, alles, was man technisch herstellen kann, auch herzustellen. Dieser Ausruf widerspricht jeglicher Moral, denn der Zweck moralischer Regeln ist ausdrücklich zu verhindern, dass man alles tut, was man tun kann. So erweist sich dieser »technologische Imperativ als Perversion jeglicher Moral, ja als die proklamierte Unmoral« (Lenk und Ropohl 1993, S. 7). Anders die folgende ältere, aber immer noch bekannte und gültige Handlungsregel von Elektroingenieuren: Gestalte Elektrogeräte immer so, dass man nicht mit der Netzspannung in Berührung kommt. In dieser Regel geht es nicht mehr primär um die Funktionalität eines technischen Gerätes, sondern um die Sicherheit und die Gesundheit des Anwenders und der Anwenderin. Bei dieser Regel ist man folglich um das Wohl des Anderen bedacht, was zweifelsfrei ein moralisches Anliegen ist. Der Zweck dieser Regel ist also unmittelbar ein moralischer. Dies ist bei der folgenden exemplarischen Handlungsregel nicht der Fall: Du sollst den wirtschaftlichen Gewinn des Unternehmens, in dem du arbeitest, erhöhen. Hier könnte man einwenden, dass mit dem Gewinnwachstum des Unternehmens zugleich die Mitarbeiterinnen und Mitarbeiter in puncto Wohlstand besser gestellt werden und folglich diese Regel auch einen moralischen Aspekt hat. Auch wenn dies der Fall ist, was keinesfalls sicher ist, gehört diese ökonomische Regel nicht in einen Ethikkodex, zumindest nicht in dieser Formulierung. Denn in ihr ist der primäre Zweck ein ökonomischer, aber kein moralischer. Der moralische Wert des Wohlergehens der Mitarbeiter und Mitarbeiterinnen ist hier nur sekundär und ggf. nur ein Epiphänomen. Eine de facto moralische Handlungsregel wäre statt dessen: Handle stets zum Wohle deiner Mitarbeiterinnen und Mitarbeiter als auch zum Wohl deiner Kunden und Kundinnen und orientiere deine wirtschaftlichen Maximen an diesem Wohl.

Ebenso wie bei den moralischen Regeln eines Ethikkodex stellt sich auch bei den Werten die Frage nach der objektiven, allgemeinen Geltung. Und ebenso wie bei den Regeln ist auch die Beantwortung dieser Frage der Gefahr eines regressus in infinitum ausgesetzt, wenn man nicht alternative Wege, wie beispielsweise den des rationalen Diskurses einschlägt, obgleich auch dieser strittig ist (siehe oben). Die Frage muss also hier nicht erneut diskutiert werden. Zumindest bei einigen Werten scheint die Frage nach der allgemeinen Geltung unproblematisch. Hierzu gehören das menschliche Leben als solches und damit verknüpft die körperliche Unversehrtheit und Gesundheit des Menschen. Beide scheinen universelle Werte darzustellen. Doch bereits beim menschlichen Leben wird die Sachlage kritisch, wie die seit einiger Zeit geführte Debatte um die Sterbehilfe zeigt. Der Wert des Lebens kollidiert hier mit dem Wert der freien Selbstbestimmung, des Sterbenwollens. In gleicher Weise gibt es auch zwischen vielen anderen Werten immer wieder Fälle des Konfliktes, die man innerhalb eines Ethikkodex sicherlich nie vollständig ausräumen kann, die aber bei seiner Erstellung, Prüfung und Beurteilung zu beachten sind. Andere Werte, die in moralischen Regeln eines Ethikkodex gleichfalls einen hohen und zugleich universellen Rang einnehmen, sind beispielsweise die bedingungslose Würde des Menschen, seine Freiheit, seine Selbstbestimmung und seine Selbstachtung. Als ebenso universell und wertvoll gelten Ehrlichkeit, Fairness, Toleranz und Respekt.

Es ist zu beachten, dass bereits die Aufnahme einer Regel in einen Ethikkodex einer Wertung unterliegt und zwar unabhängig davon, ob die Regel selbst auf einem Wert gründet oder nicht. Denn es muss ein begründetes Urteil gefällt werden, ob eine Regel in den Kodex aufgenommen werden soll oder nicht. Dies bedeutet, dass die einzelnen potentiellen Regeln dahin gehend zu bewerten sind, ob sie aufnahmefähig sind oder nicht. Auch dies ist eine Wertung. Allerdings ist diese Wertung häufig selbst keine moralische. Vielmehr spielt dabei der wissenschaftliche Wert der Widerspruchsfreiheit, der Plausibilität und der Kohärenz, wie oben expliziert, eine wichtige Rolle.

8.5 Nachhaltige Tugenden

Der Begriff der Tugend und vor allem derjenige der Kardinaltugenden erscheinen heute als stark antiquiert, was aber nicht impliziert, dass sie für die Gegenwart bedeutungslos oder gar obsolet sind. Im Gegenteil: Gerade die vier Kardinaltugenden Einsicht (oder Weisheit), Tapferkeit, Maßhalten und Gerechtigkeit sind heute moderner als man vielleicht vermutet. Dies gilt im ganz besonderen Maße für die Nachhaltigkeit und damit für die nachhaltige Entwicklung technischer Produkte und Systeme innerhalb der Ingenieurwissenschaften. Welche Bedeutung haben diese vier Tugenden für die nachhaltige Entwicklung?

(i) Die Kardinaltugend der Gerechtigkeit ist ein Schlüsselbegriff der Nachhaltigkeit. Die Herstellung von Verteilungsgerechtigkeit, vor allem in puncto der Ressourcen und Umweltlasten, Generationengerechtigkeit, Chancengleichheit, gerechte Entlohnung u. a. gehören zu den dringlichsten Aufgaben nachhaltiger Entwicklung. Nachhaltigkeit ohne Gerechtigkeit ist nicht möglich.

(ii) Ebenso wie die Kardinaltugend der Gerechtigkeit ist auch die Kardinaltugend des Maßhaltens für nachhaltige Entwicklungen von großer Relevanz, auch wenn heute der Begriff des Maßhaltens mit Worten paraphrasiert wird, die dem Zeitgeist der Gegenwart entsprechen. Maßhalten heißt heute Ressourceneffizienz, Energieeffizienz oder Materialeffizienz. Was ist aber Ressourceneffizienz anderes als mit den begrenzt verfügbaren Ressourcen sparsam umzugehen und sie nicht über das Maß hinaus zu verbrauchen? Ressourceneffizienz ist Maßhalten, ebenso wie Energie- und Materialeffizienz Maßhalten sind. Strittig ist die Frage, wie groß das Maß ist? Nach welchen Kriterien soll entschieden werden, wann das Maß überschritten ist? Wer legt diese Kriterien fest? Wie sind diese Kriterien zu begründen? Wie auch immer: Die enge Verknüpfung der besonderen Herausforderung des Maßhaltens mit derjenigen der Gerechtigkeit bei der nachhaltigen Entwicklung ist hier unverkennbar. Nicht zu vergessen ist in diesem Zusammenhang auch das Maßhalten im eigenen Konsum, denn auch dieses gehört zur nachhaltigen Gestaltung unserer Gegenwart und Zukunft.

(iii) Während der Bezug der beiden Kardinaltugenden Gerechtigkeit und Maßhalten zur Nachhaltigkeit unmittelbar deutlich ist, offenbart sich der Zusammenhang von Tapferkeit und Nachhaltigkeit nicht auf den ersten Blick. Der Grund hierfür ist, dass die Kardinaltugend der Tapferkeit primär mit tapferen, körperlichen Handlungen in Verbindung gebracht wird, beispielsweise mit militärischen, die auch heute noch in vielen Nationen mit Tapferkeitsmedaillen ausgezeichnet werden. Geistige Aktivitäten und Leistungen stehen aber in puncto Tapferkeit den körperlichen Handlungen keineswegs nach. Zu behaupten, dass die Sonne und nicht die Erde im Mittelpunkt steht, war im Mittelalter lebensgefährlich, auch wenn diese Behauptung wissenschaftlich wohl begründet war. Den durch Immanuel Kant prägnant formulierten Wahlspruch der Aufklärung »Habe Mut dich deines eigenen Verstandes zu bedienen!« (Kant 1784, Was ist Aufklärung? S. 35) haben im Nationalsozialismus nicht nur die Geschwister Scholl, die mit Flugblättern über die verbrecherischen Machenschaften des nationalsozialistischen Regimes aufklärten, mit dem Leben bezahlt. Offen seine Ansicht oder Meinung zu äußern erfordert auch heute noch in vielen Nationen ein großes Maß an Tapferkeit und Mut. Nach Amnesty International wurde 2012 in 101 Ländern das Recht auf freie Meinungsäußerung unterdrückt (Amnesty International 2013). Die Lage hat sich bis heute nicht verbessert. Im Gegenteil: Sie hat sich sogar verschlechtert (Brot für die Welt 2021). Kritik und Aufklärung spielen bei der nachhaltigen Entwicklung eine besondere Rolle. Denn nur wenn mutig und tapfer über Missbräuche aufgeklärt und Fehlverhalten offen kritisiert wird, besteht Aussicht auf eine erfolgreiche nachhaltige Entwicklung. Dieser Erfolg ist somit unmittelbar von Personen abhängig, die den Mut und die Tapferkeit zur Aufklärung und zur Kritik aufbringen, wozu auch der Mut zur Selbstkritik gehört. Nachhaltigkeit erfordert aber auch, bekannte Wege zu verlassen und neue Wege einzuschlagen. Auch hierzu ist Mut und Tapferkeit unerlässlich. Nachhaltigkeit ist aber auch von

Ideen abhängig. Personen mit Ideen sind folglich zu ermutigen, ihre Ideen offen zu präsentieren. Ob diese Ideen sich später de facto als umsetzbar und hilfreich erweisen, spielt dabei zunächst keine Rolle. Hieraus wird deutlich, dass auch die alte Kardinaltugend der Tapferkeit an Bedeutung nicht verloren hat, auch wenn sie heute, beispielsweise im Rahmen des Strebens nach Nachhaltigkeit, ein anderes Gewand trägt.

(iv) Auch die vierte Kardinaltugend, die der Einsicht (bzw. der Weisheit), ist für nachhaltige Entwicklungen unerlässlich. Denn ohne Einsicht in die komplexen Zusammenhänge des Weltganzen, das den Menschen, die Natur und die Kultur als seine Teile einschließt, ist jegliches nachhaltige Bestreben ein blindes Umherirren. Die Kardinaltugend der Einsicht kann nur über eine adäquate Bildung erlangt werden, die nicht nur in einem begrenzten Fachwissen besteht, sondern auch eine Allgemeinbildung einschließt. Dies liegt bereits in der Komplexität der Aufgaben der Nachhaltigkeit begründet, die nur interdisziplinär und fachbereichsübergreifend gelöst werden können und eine allgemeine Einsicht in diese Aufgaben erfordert. Eine derartig verstandene Bildung ist eine notwendige Bedingung der Möglichkeit von Nachhaltigkeit und folglich nicht hintergehbar. Es ist aber auch noch eine weitere Einsicht unabdingbar, nämlich die Einsicht in die endlichen und begrenzten Fähigkeiten des Menschen sowohl in epistemischer (know-that) als auch poietischer Hinsicht, d. h. in praktisch-handwerklicher (know-how). Last but not least ist die allgemeine Einsicht in die Notwendigkeit nachhaltiger Entwicklung eine weitere Grundbedingung für den Erfolg der globalen Aufgabe der Nachhaltigkeit. Nachhaltige Entwicklung ohne Einsicht funktioniert nicht.

Die vier Kardinaltugenden, die heute auf den ersten Blick antiquiert erscheinen, haben also durchaus ihre moralische Kraft nicht eingebüßt. Im Gegenteil: Für das globale Projekt namens Nachhaltigkeit erweisen sie sich geradewegs als moderne und nicht hintergehbare Schlüsseltugenden, auch bzw. vor allem in den Bereichen der Ökonomie und der Ingenieurwissenschaften.

8.6 Fazit

In diesem Kapitel wurde gezeigt, dass Ethik und Nachhaltigkeit nicht zu trennen sind. Denn nachhaltiges Handeln bedarf einer ethischen Fundierung und erweist sich gar als eine moralische Pflicht. Aufbauend auf einer einführenden Explikation der Grundbegriffe Ethik, Moral, Kodex, Freiheit und Autonomie wurden stellvertretend vier bekannte ethische Theorien vorgestellt und die möglichen Schwierigkeiten der Erstellung eines Ethikkodex innerhalb der Bereichsethiken ausgewiesen und erörtert. Es wurde nachgewiesen, dass dabei insbesondere die folgenden Aspekte zu beachten sind: Auswahl und Begründung der Regeln, Konsistenz und Kohärenz, Objektivität, Balance, Präskription, freiwillige Selbstverpflichtung, Zwecke und ethische Fundierung. Da die Regeln eines Ethikkodexvielfach auf Werte rekurrieren, wurden typische Probleme beim Bezug auf Werte in Ethikkodizes aufgezeigt. Es wurde begründet, dass allein moralische Werte in einen Ethikkodex gehören, nicht aber technische, ökonomische oder andere. Schließlich wurde gezeigt, dass sich die vier Kardinaltugenden, die bereits mehr als zweitausend Jahre alt sind, für die nachhaltige Entwicklung als überraschend modern erweisen, vor allem auch im Bereich der Ingenieurwissenschaften.

Literatur

Aristoteles: Nikomachische Ethik. Zitiert nach: Aristoteles (1995) Nikomachische Ethik (übers. von Eugen Rolfes; bearb. von Günther Bien). Philosophische Schriften. Bd 3, Meiner, Hamburg

Brot für die Welt. Evangelisches werk für diakonie und entwicklung e. V. (Hrsg.) (2021) Atlas der Zivilgesellschaft. ► www.brot-fuer-die-welt.de/atlas-zvilgesellschaft. Zugegriffen: 9. Sept. 2021

Franz JH (2009) Religion in der Moderne. Die Theorien von Jürgen Habermas und Hermann Lübbe. Frank & Timme Verlag für wissenschaftliche Literatur, Berlin

Habermas J (1991) Erläuterungen zur Diskursethik. Suhrkamp, Frankfurt a. M. (Auflage 2020)

Habermas J (1995) Theorie des kommunikativen Handelns. Band 1. Handlungsrationalität und gesellschaftliche Rationalisierung. Suhrkamp, Frankfurt a. M.

Habermas J (2005) Zwischen Naturalismus und Religion. Suhrkamp, Frankfurt a. M.

Horster D (2011) Warum moralisch sein? Rechte und Pflichten, Werte und Normen. In: Schnädelbach H, Hastedt H, Keil G (Hrsg) Was können wir wissen, was sollen wir tun? Zwölf philosophische Antworten, 2. Aufl. Rowohlt, Hamburg, S 50–68

IEEE (1990) Code of ethics. ► https://www.ieee.org/about/corporate/governance/S.78.html. Zugegriffen: 11. Sept. 2021

Mill JS (1861) Utilitarianism/Der Utilitarismus. Englisch/Deutsch. Übers. und hrsg. von Dieter Birnbacher (2006). Leipzig, Reclam

Lenk H, Ropohl G (1993) Technik und Ethik, 2. Aufl. Reclam, Leipzig

Kant I (1784) Beantwortung der Frage: Was ist Aufklärung? Zitiert nach: ders. (1968): Kants Werke. Akademie Textausgabe Bd. VIII. Walter de Gruyter, Berlin, S 33–42

Kant I (1785) Grundlegung zur Metaphysik der Sitten. Zitiert nach: Kant I (1968): Kants Werke. Akademie Textausgabe IV. Walter der Gruyter, Berlin, S 385–464

Nida-Rümelin J (Hrsg) (2005) Angewandte Ethik. Die Bereichsethiken und ihre theoretische Fundierung. Ein Handbuch. Stuttgart, Kröner

Papst Franziskus (2020) Fratelli tutti. Über die Geschwisterlichkeit. Enzyklika. benno, Leibzig

Presserat (2014) Publizistische Grundsätze (Pressekodex). ► https://www.pres-serat.de/pressekodex.html. Zugegriffen: 11. Sept. 2021

Ritter J, Gründer K, Gabriel G (Hrsg) (2004) Historisches Wörterbuch der Philosophie. Bd 12. Schwabe, Basel

Schopenhauer A (1840) Preisschrift über die Grundlage der Moral. Zitiert nach: ders. (1991): Arthur Schopenhauers Werke in fünf Bänden. Bd. III. Kleinere Schriften. Haffmans, Zürich, S 459–631

United Nations Global Compact (2014) Offizielle Homepage. ► www.globalcompact.de. Zugegriffen: 11. Sept. 2021

VDI (2021) Ethische Grundsätze des Ingenieurberufs. ► www.vdi.de/ethischegrundsaetze. Zugegriffen: 11. Sept. 2021

Bildung zur Nachhaltigkeit

Inhaltsverzeichnis

Nachhaltigkeit bedarf eines Fundaments. Und dieses trägt den Namen Bildung (jhf).

Eine Voraussetzung für den Erfolg nachhaltiger Entwicklung ist die Bildung. In diesem Kapitel werden nach einer Einführung (▶ Abschn. 9.1) einige essentielle Merkmale dieser Bildung zur Nachhaltigkeit aufgeführt. Zu diesen gehören neben einer soliden Fachbildung eine breite Allgemeinbildung (▶ Abschn. 9.2), die im Idealfall philosophische und ethische Grundkenntnisse einschließen sollte (▶ Abschn. 9.3). Denn gerade das philosophische Denken erweist sich als außerordentlich hilfreich bei der nachhaltigen Entwicklung. Da bei der nachhaltigen Entwicklung technischer Produkte und Systeme eine Technikfolgenabschätzung und Technikfolgenbewertung obligatorisch ist und damit ebenfalls in die Curricula ingenieurwissenschaftlicher Studiengänge gehört, wird gegen Ende dieses Kapitels in dieses Arbeitsfeld kurz und „spielerisch" eingeführt (▶ Abschn. 9.4). Das Kapitel schließt, wie gewohnt, mit einem kurzen Fazit (▶ Abschn. 9.5).

9

9.1 Einführung

Nachhaltigkeit bedarf eines soliden Fundaments. Und dieses Fundament trägt den Namen Bildung (Franz 2019). Das ist kein Geheimnis. Warum also darüber reden? Bildung ist eine Selbstverständlichkeit. Sie ist ebenso selbstverständlich wie das Danksagen für eine Hilfeleistung. Aber wie oft wird dieses Danksagen vergessen? Es lohnt daher, hin und wieder an Selbstverständlichkeiten zu erinnern. Studierende, die in der Nachhaltigkeit gebildet sind, werden nach ihrem Studium die Idee der Nachhaltigkeit in die Unternehmen und Institutionen hineintragen. Es ist eine Nachhaltigkeit von unten, die von einer Nachhaltigkeit von oben zu unterscheiden ist. Letztere wird verordnet und trifft leider nicht immer auf die nötige Einsicht. Erstere gründet dagegen auf Einblick und Überzeugung und ist damit besonders fruchtbar. Benötigt werden beide. Wir werden im Folgenden zunächst einen kurzen Blick auf die Selbstverständlichkeit namens Bildung richten, die in der Sprache der Philosophie, eine Bedingung der Möglichkeit von Nachhaltigkeit ist.

9.2 Fach- und Allgemeinbildung

Welche Art von Bildung ist für die nachhaltige Entwicklung erforderlich? Die Antwort ist einfach:

🛈 Achtung
Nachhaltigkeit erfordert eine solide Fachbildung und gleichermaßen eine fundierte Allgemeinbildung.

Ein solides Fachwissen ist nötig, da nachhaltiges Handeln in allen Fachbereichen erforderlich ist, beispielsweise in der Land- und Forstwirtschaft, im Fischereiwesen, in der Architektur, im Haus- und Städtebau, im Produktdesign, in der Touristik, im Verkehrswesen, in der Technik usw. Ohne spezielle Fachkenntnisse können nachhaltige Projekte in diesen speziellen Bereichen nicht erfolgreich durchgeführt werden.

Obgleich aber solide Fachkenntnisse unerlässlich sind, so sind sie doch nicht hinreichend. Denn Nachhaltigkeit ist ein globales und bereichsübergreifendes Projekt. Dies belegt bereits ein Blick auf einige wenige der vielen globalen Probleme des 21. Jahrhunderts, die nachhaltig zu lösen sind (Franz 2014, S. 77): Umweltverschmutzung, Klimawandel, Ressourcenknappheit, Armut, soziale Ungerechtigkeit, Kinderarbeit, menschenunwürdige Arbeitsbedingungen, Verteilungsungerechtigkeit und Chancenungleichheit. Sinnvollerweise starten zwar viele nachhaltige Entwicklungen im Lokalen und Regionalen. Aber wirklich nachhaltig sind sie nur dann, wenn auch die Folgen für das Überregionale und Globale bedacht werden. So erweisen sich kurzfristige und lokale Entwicklungen, obgleich wohlgemeint, langfristig und global häufig als kontranachhaltig, wie die Verlagerung umweltbelastender Produktionen aus einer Region in eine andere. Nachhaltigkeit ist ohne Blick auf das Ganze und damit ohne eine bereichsübergreifende Allgemeinbildung nicht realisierbar. Während die Fachbildung die Fähigkeit vermittelt, sich eigenständig ein Bild von einem speziellen Fach zu machen (was bereits mehr ist, als eine bloß lexikalische Sammlung von Wissen über das Fach), so vermittelt die Allgemeinbildung die Fähigkeit, sich eigenständig ein Gesamtbild, ein Weltbild zu schaffen, das einen Überblick ermöglicht. Es ist ein Bild, das Mensch, Natur, Umwelt, Technik, Ökonomie, Kultur und Wissenschaft in ihrem Zusammenwirken offenlegt. Nachhaltige Entwicklung erfordert folglich Ingenieure und Ingenieurinnen, die Freude an ihrem Fach haben und zugleich mit Freude und Neugierde über ihren eigenen fachlichen Tellerrand hinausschauen. Denn Nachhaltigkeit ist eine globale, fach- und ressortübergreifende Aufgabe.

An Hochschulen und Universitäten, die sich dem nachhaltigen Denken und Handeln verpflichtet haben, kann eine solche Allgemeinbildung beispielsweise im Rahmen eines verbindlichen und fachbereichsübergreifenden studium generale vermittelt werden. Dieses drängt die Fachbildung in den einzelnen Fachbereichen nicht zurück, wie vielfach befürchtet wird, sondern bereichert sie vielmehr um Allgemeinbildung. Denn während Fachbildung stets ein nur fachbegrenztes Bild darbietet und damit einen nur fachbegrenzten Blick auf nachhaltig zu lösende Probleme, erweitert die Allgemeinbildung das Blickfeld und deckt dadurch Lösungsmöglichkeiten und Alternativen auf, die zuvor verdeckt waren. Es ist aber nicht nur der erweiterte Blick einer Allgemeinbildung, der nachhaltiges Handeln fördert. Denn zur allgemeinen Bildung gehören auch einige grundlegende und das bloße Fachwissen übersteigende Fähigkeiten, Qualifikationen und Kompetenzen: die Fähigkeit zum Hinterfragen und Tieferfragen, die Qualifikation zum Perspektivenwechsel mittels Anders- und Weiterdenken (wozu auch gehört, dass man bei der Nutzung sozialer Medien regelmäßig seine Informationsblase verlässt oder die Natur nicht nur als Objekt, sondern auch als Partner sieht), die Befähigung zur Kritik, Selbstkritik und Aufklärung, die Eignung zum Gründegeben und die Befähigung, Gründe und Argumente auf Plausibilität, Konsistenz, Kohärenz und logische Stringenz zu prüfen oder modern gesprochen, Fakenews zu entlarven. Zu fördern ist zudem die Freude am Über-den-Tellerrand-Hinausdenken und damit die Fähigkeit, interdisziplinäre und interkulturelle Zusammenhänge zu erkennen, fach- und kulturübergreifende Fragestellungen auszuweisen und die Bedingungen dieser Fragestellungen aufzudecken. Diese noch unvollständige Auflistung lässt bereits erahnen, dass der Philosophie dabei eine besondere Rolle zukommt. Warum?

9.3 Philosophische Grundbildung

Es gibt zumindest zwei Gründe, die für eine philosophische Grundbildung im Rahmen nachhaltiger Entwicklung sprechen: Zum einen sind nachhaltige Entwicklungen stets fachbereichsübergreifend. Der Philosophie kommt hierbei die Rolle einer Brückendisziplin zu, welche die einzelnen Fachdisziplinen miteinander verknüpft und eint. Zum anderen stehen nahezu alle Schlüsselbegriffe der Nachhaltigkeit auch im Fokus philosophischer Reflexion: Mensch, Gemeinschaft, Natur, Kultur, Umwelt, Technik, Wirtschaft, Gerechtigkeit und, vor allem, die Welt als Ganzes.

Blicken wir auf die Ingenieurwissenschaften, so lassen sich bei näherer Betrachtung zehn Thesen formulieren, welche die Vorzüge einer philosophischen Grundbildung für Ingenieure und Ingenieurinnen aber auch für Naturwissenschaftlerinnen und Naturwissenschaftler begründen, vor allem dann, wenn nachhaltige Entwicklungen im Vordergrund stehen (Aphin e. V. 2014, Franz 2014, S. 89 ff.). Bei diesen Thesen, die unten vorgestellt werden, wird man vermutlich erkennen, dass die Relevanz der Philosophie auch für alle anderen Bereiche und Berufe gleichermaßen gegeben ist. Doch eines vorweg: Es ist keineswegs notwendig, dass Ingenieure und Ingenieurinnen neben oder nach ihrem anspruchsvollen Studium noch ein Zweitstudium der Philosophie absolvieren. Dies ist unnötig. Denn der Beruf der Ingenieurin und des Ingenieurs wird nicht primär durch die Philosophie bereichert, sondern durch das Philosophieren. Die Philosophie kann man nach Immanuel Kant ohnehin nicht lehren, sondern nur das Philosophieren (Kant 1787, KrV B 865/866, S. 541 f.). Es sind somit nicht die divergierenden und oft widerstreitenden philosophischen Standpunkte, Positionen und Theorien, die für Ingenieure und Ingenieurinnen von Bedeutung sind, sondern die besondere Art und Weise des philosophischen Denkens, Fragens, Argumentierens und Reflektierens.

Die Ingenieurwissenschaften sind ein Knoten in einem engen Beziehungsgeflechts, in dem Mensch und Gesellschaft, Natur und Kultur weitere Knoten sind. Entwicklungen im Bereich der Ingenieurwissenschaften haben somit stets Auswirkungen sowohl auf die anderen Knoten als auch auf das Beziehungsgeflecht als Ganzes. Ingenieurwissenschaften sind als eine menschliche Kunst, als ars humana, zudem stets eine Form menschlicher Handlung. Damit werden sie zu einem Schlüsselproblem der theoretischen und praktischen Philosophie. Denn der Mensch, seine Handlungen und seine Eingliederung in die Gesellschaft stehen ebenso wie die Natur und die Kultur seit jeher im Zentrum philosophischer Untersuchungen. Die Philosophie kann diesen für die Gesellschaft so relevanten Wissenschaftsbereich fundieren und kritisch begleiten. Philosophie und Ingenieurwissenschaften bilden also keinen Gegensatz. Im Gegenteil: Beide haben das besondere Vermögen, sich gegenseitig zu befruchten. In Anbetracht der humanen, sozialen und ökologischen Probleme des 21. Jahrhunderts ist die fachbereichsübergreifende und partnerschaftliche Zusammenarbeit dieser beiden Schlüsselbereiche unabdingbar. Sie ist eine nicht hintergehbare Grundbedingung aller Entwicklungen, die den Anspruch erheben, nachhaltig zu sein und damit dem normativen Leitziel folgen, heutigen und zukünftigen Generationen bedingungslos ein menschenwürdiges Leben zu ermöglichen. Ingenieure und Ingenieurinnen können dazu einen ganz wesentlichen Beitrag leisten. Die folgenden zehn Thesen begründen die Bedeutung einer an Nachhaltigkeit orientierten philosophischen Grundbildung von Ingenieurinnen und Ingenieuren.

(1) Begriffsanalyse: Unklarheiten in der Bedeutung von Begriffen führen häufig zu Missverständnissen und nicht selten sogar zu handfesten Streitigkeiten. Vor allem bei nachhaltigen Entwicklungen, in dessen Zentrum das Wohl des Menschen, der Gesellschaft und der Natur stehen, können sich Missverständnisse besonders folgenschwer auswirken. Die Philosophie hat das Vermögen, Begriffe in einen größeren Zusammenhang zu stellen, sie in ihrer Bedeutung zu analysieren und über ihren Gebrauch aufzuklären. Dies gilt vor allem für komplexe Begriffe. Der Begriff der Nachhaltigkeit ist ein solcher Begriff, der zudem selbst wieder eine Vielfalt weiterer komplexer Begriffe einschließt: Mensch, Gesellschaft, Natur, Kultur, Umwelt, Ökonomie, Technik, Chancengleichheit, Freiheit und Gerechtigkeit. Es sind Begriffe aus sehr unterschiedlichen Bereichen, was auf die Erfordernis fachbereichsübergreifender Zusammenarbeit verweist. Eine klare und unmissverständliche Begriffsbestimmung ist hier unabdingbar. Die Philosophie, die mit ihrer systematischen Begriffs- und Bedeutungsanalyse seit der Antike vertraut ist, erweist sich dabei als ausgezeichnete Partnerin der Nachhaltigkeit.

(2) Kritik und Selbstkritik: Beide gehören zum Selbstverständnis der Philosophie, wobei unter Kritik einerseits eine systematische, umfassende und zugleich detaillierte Untersuchung verstanden wird. Andererseits versteht die Philosophie den Begriff der Kritik auch im Sinne von Kritik an etwas oder Kritik gegenüber etwas. Beide Spielarten der Kritik gehören zusammen und ergänzen einander. Ebenso wie die erste gründet auch die zweite auf plausiblen und intersubjektiv nachvollziehbaren Gründen und Argumenten. Kritik ohne Gründe ist keine philosophische Kritik, sondern Stammtischkritik. Wir brauchen kein Meckern und kein Nörgeln, aber eine systematische, methodische und sachgerechte Kritik (gr. krinein: unterscheiden, differenzieren). Eine derartige konstruktive Kritik fördert die Forschung und die Entwicklung in allen Bereichen. Sie ist eine Quelle des Fortschritts, »eine Fähigkeit der Beurteilung, der Prüfung, eine der wichtigsten Fähigkeiten der Menschen, die vor den Folgen von Täuschung und Irrtum bewahrt« (Schmidt 1965, S. 331). Selbstkritik ist die edelste Form der Kritik. Sie bedeutet, die eigenen Gedanken und Handlungen nicht als unfehlbar zu erachten, sondern sie beständig zu prüfen, zu verbessern und fortzuentwickeln. Selbstkritik bedeutet in diesem Sinne Bescheidenheit und Fortschritt zugleich. Daher ist die Fähigkeit zur Kritik und Selbstkritik gerade für Ingenieure, Ingenieurinnen, Naturwissenschaftler und Naturwissenschaftlerinnen unerlässlich. Sie sind aufgefordert, nicht nur ihre eigenen Arbeiten selbstkritisch zu prüfen, sondern auch Kritik zu suchen, zu akzeptieren und anzubieten (IEEE 1990, Art. 7). Nur mittels Kritik und Selbstkritik können Irrtümer und falsche Wege erkannt und korrigiert werden. Kritik und Selbstkritik sind in diesem Sinne eine Qualifikation – eine, die auch zur Persönlichkeitsbildung beiträgt. Wir brauchen für die nachhaltige Entwicklung unserer Gegenwart und Zukunft keine Meckerer und Nörgler, sondern kritik- und selbstkritikfähige Persönlichkeiten. Denn Kritik und Selbstkritik sind eine Grundbedingung aller nachhaltigen Entwicklungen. Die Philosophie, als geübte Kritikerin, und die Nachhaltigkeit gehören folglich zusammen.

(3) Andersdenken und Tieferdenken, Weiterfragen und Hinterfragen: Das Erkenntnisinteresse der Philosophie ist nicht auf bestimmte Methoden oder Verfahren festgelegt, worin sie sich von vielen Einzelwissenschaften unterscheidet. Sie ist beispielsweise nicht gezwungen, die Wirklichkeit nur durch die kausale Brille zu betrachten und die auf diese Weise aufgedeckten Zusammenhänge in Kausalgesetzen

zu formulieren. Es geht ihr nicht allein um das Erklären, sondern um das Verstehen und Ergründen der Voraussetzungen und Bedingungen. Ihr Interesse gilt somit nicht primär den Ursachen, sondern den Gründen und Hintergründen. Philosophisches Denken bleibt als fragendes Denken nicht bei seinen Ergebnissen stehen, sondern hinterfragt sie und denkt weiter. Hierzu verlässt sie mitunter eingefahrene Denkwege und denkt anders. Das Denken aus divergierenden Perspektiven, Blickwinkeln und Standpunkten gehört zu ihrem Selbstverständnis. Für nachhaltige Entwicklungen im Bereich der Technik, aber auch in allen anderen Bereichen, ist diese Art des Denkens unerlässlich. Es ist ein Denken, das Mut erfordert – den Mut, vertraute Wege und eingewöhnte Trotts zu verlassen, den Mut neue Wege zu gehen, den Mut sich gegenüber Alternativen und neuen Ideen zu öffnen, den Mut selbst neue und unkonventionelle Ideen vorzutragen und den Mut Fragen zu stellen. Sachzwänge, die im Sinne Kants zur Unmündigkeit führen (Kant 1784, S. 35 f.), sind der Philosophie fremd und der Verwirklichung der Idee der Nachhaltigkeit ein selbstverschuldetes Hindernis. Einem Ingenieur oder einer Ingenieurin, die im philosophischen Denken und Fragen geschult ist, wird es nicht schwerfallen weiter zu fragen, tiefer zu fragen oder zu hinterfragen: Ist mein Ergebnis plausibel? Was bedeutet es für mein Unternehmen und was für Mensch und Natur? Wo und wie kann ich den Energiebedarf und den Ressourcenverbrauch senken? Welche Folgen für Mensch, Gesellschaft und Natur sind von meinem Produkt zu erwarten? Fragen zu stellen ist eine hohe Kunst. Es ist eine Kunst die der Forschung und Entwicklung im Bereich der Technik zugute kommt. Es ist eine Kunst, die vor allem dem Philosophieunterricht eigen ist. Denn Fragen ist Philosophieren und Philosophieren ist Fragen. Wir brauchen Menschen, die fragen können. Wir brauchen Ingenieurinnen und Ingenieure die fragen können. Mit der Philosophie als anders, weiter und tiefer denkende Begleiterin vermag die Nachhaltigkeit die Vielfalt an möglichen Wegen zu erkennen, kritisch zu beurteilen und zu prüfen. Da die Philosophie, allein schon aufgrund ihrer häufig widerstreitenden Positionen das Potential hat, Probleme und Fragen von ungleichen Standpunkten, Perspektiven und Blickwinkeln zu beleuchten, ist sie als Begleiterin der Nachhaltigkeit geradezu prädestiniert.

(4) Aufklärung: Aufklärung gehört seit Anbeginn zur Philosophie. Philosophie ist Aufklärung und Aufklärung ein permanent anhaltender Prozess. Es gibt nicht das »Zeitalter der Aufklärung« (Kant 1784, S. 40). Denn jedes Zeitalter – auch die Gegenwart – bedarf seiner eigenen Aufklärung. Auch Nachhaltigkeit erfordert Aufklärung. Sie ist gar eine Bedingung zur Möglichkeit von Nachhaltigkeit. Denn allein mit Fachwissen, Gesetzen oder gar mit Zwang können die Ziele der Nachhaltigkeit nicht erreicht werden. Sie setzen einen Wandel im Denken, die Einsicht in die Erfordernis von Nachhaltigkeit und folglich Aufklärung voraus. Die Philosophie, als erfahrene und besonnene Aufklärerin, erweist sich hier erneut als vorzügliche Partnerin der Nachhaltigkeit. Auch Ingenieurinnen und Ingenieuren ist die Funktion der Aufklärung eigen. Denn wer kann besser über die Nachhaltigkeit ihrer Produkte aufklären als sie?

(5) Welt als Ganzheit und Einheit: Die Welt ist ein Ganzes, in der einerseits alles untereinander in einer Wechselbeziehung steht und andererseits alles mit der Welt als Ganzes. Die Mannigfaltigkeit der Welt bildet kein Chaos, sondern eine Ordnung, durch welche die Vielheit zu einer Einheit wird. Es ist eine Ordnung, die der Mensch grundsätzlich nicht in ihrer Vollständigkeit zu erkennen vermag. Seine Eingriffe in die Welt, beispielsweise durch technische Artefakte oder Systeme, werden

folglich stets von unerwünschten oder unbeabsichtigten Folgen für Mensch, Gesellschaft und Natur begleitet sein. Die vielfältigen ökologischen und sozialen Probleme der Gegenwart sind Symptome dieser Folgen, die zugleich auf die Notwendigkeit und Dringlichkeit der Nachhaltigkeit verweisen. Nachhaltigkeit fordert, die lebendige Einheit und Ordnung der Welt als Grundbedingung eines menschenwürdigen Lebens in einer gesunden Natur und Sozialstruktur zu achten und zu bewahren. Notwendig ist folglich ein ganzheitlicher und zugleich perspektivischer Blick auf das Ganze. Die Welt als Ganzheit und Einheit, als auch die Natur, der Mensch und die Gemeinschaft als ihre Glieder, stehen schon immer im Fokus der Philosophie. Sie vermag den holistischen Blick auf das Ganze und seine Ordnung zu schärfen, das Einzelne im Verhältnis zum Ganzen und das Ganze im Verhältnis zum Einzelnen kritisch zu reflektieren und offenzulegen. Dieses Denken in Zusammenhängen und damit der Blick auf das Ganze ist ein Denken, das man lehren und erlernen kann. Für Ingenieure und Ingenieurinnen des 21. Jahrhunderts ist es von besonderer Relevanz. Denn sie müssen ihre Produkte nicht mehr nur hinsichtlich ihrer technischen Funktion optimieren, sondern auch im Hinblick auf einen geringen Ressourcenverbrauch und einen niedrigen Energiebedarf, wobei auch soziale und moralische Aspekte gleichrangig zu beachten sind. Denn Technik ist keine Insel, sondern ein Knoten in einem Netz, in dem der Mensch, die Gesellschaft, die Natur und Kultur andere Knoten sind. Die Technik übt auf alle diese Knoten einen Einfluss aus. Technik verändert die Welt. Ingenieurinnen müssen daher heute in der Lage sein, ihre Produkte in einem größeren Kontext zu sehen. Hierzu gehört auch die Fähigkeit zur Technikfolgenabschätzung und zur Technikfolgenbewertung (siehe unten). Welche Folgen sind beispielsweise bei einer ganzheitlichen Betrachtung vom Fracking zu erwarten und wie sind diese zu bewerten? Bereits 1998 stellte der Verband Deutscher Ingenieure die Relevanz dieser Technikfolgenbewertung heraus: »Technik in ihrer gesellschaftlichen Bedeutung zu erkennen und aus der Vielzahl ihrer gesellschaftlichen, wirtschaftlichen, ökologischen Folgen heraus zu bewerten, gehört sicher zu den Zukunftsaufgaben von Ingenieuren« (VDI 1998, Vorwort). Studierenden der Ingenieurwissenschaften ist folglich die Qualifikation zu vermitteln, technische Produkte aus dem erweiterten Blickwinkel eines umfassenden Ganzen heraus zu beurteilen. Prüfen Sie selbst! Der geschulte erweiterte Blickwinkel auf das Ganze ist für alle Berufe eine Bereicherung. Mediziner und Medizinerinnen sollten bei ihrer Diagnose und Therapie nicht nur das einzelne Organ, sondern den Menschen als Ganzes im Blick haben und Politikerinnen und Politiker nicht nur ihre Partei, sondern das Wohl der Gesellschaft als Ganzes. Und in gleicher Weise sollten Ingenieure und Ingenieurinnen bei der nachhaltigen Entwicklung technischer Produkte und Systeme das Ganze ebenfalls stets im Blick haben. Philosophisches Denken und nachhaltiges Denken ergänzen hier einander vorzüglich. Und damit erweist sich auch hier die Philosophie als eine ideale Partnerin, denn der Blick auf das Ganze ist in ihr zentral. Philosophen und Philosophinnen haben und behalten den Überblick, ebenso philosophisch geschulte Ingenieurinnen und Ingenieure.

(6) Mensch und Gesellschaft: Der Mensch als Individuum und als soziales Wesen stehen seit jeher im Fokus philosophischer Reflexionen. Weil die Folgen der Technik, seien diese nun intendiert oder nicht, stets auf den Menschen und die Gesellschaft wirken, ist die Technik ein »philosophisches Schlüsselproblem« (Hösle 1995). Da die nachhaltige Entwicklungen einerseits am Menschen und der

Gesellschaft orientiert sind und andererseits selbst menschlichen Handlungen entspringen, ist daher auch sie ein Schlüsselproblem der Philosophie – und zwar der
theoretischen und der praktischen. Man darf jedoch von der Philosophie nicht erwarten, dass sie konkrete, nachhaltige Lösungen technischer, ökologischer, sozialer
oder ökonomischer Art gibt. Dies ist nicht ihre Aufgabe, sondern die der Einzelwissenschaften. Indem sie aber das Verhältnis von Nachhaltigkeit, Mensch und Gesellschaft und die Bedeutung nachhaltiger Entwicklungen für Mensch und Gesellschaft reflektiert, kann sie die einzelnen Maßnahmen kritisch begleiten und prüfen.
Sie kann somit bei nachhaltigen Entwicklungen die Aufgabe einer Anwältin für den
Menschen und die Gesellschaft übernehmen.

(7) Natur: Ohne eine gesunde Natur ist der Mensch nicht überlebensfähig. Ihr
Schutz ist daher für alle nachhaltigen Entwicklungen zentral. Kenntnisse über die
Natur und das Klima sowohl als Ganzes als auch hinsichtlich ihrer inneren Zusammenhänge sind dazu unabdingbar. Eine Reihe von Einzelwissenschaften wid-
met sich dieser Erkenntnis, beispielsweise die Biologie, die Ökologie, die Physik und
die Meteorologie. Die Natur ist aber auch Gegenstand der Philosophie. Bereits in
der frühen griechischen Philosophie fragten Naturphilosophen nach den Grundele-
menten der Natur. Im Gegensatz zu den Einzelwissenschaften geht es der Philosophie dabei weniger um die Vielfalt der Natur, sondern um das ihr zugrunde liegende
Prinzip, aus der diese Vielfalt und mit ihr alle Veränderungen allererst hervorgehen.
Während dieses von den frühen antiken Philosophen noch im Stoff gesucht wurde –
Heraklit beispielsweise im Wasser, Demokrit in unteilbaren Atomen – fand Pytha-
goras es in der immateriellen Form, die harmonisch gestaltet ist und sich in Zahlen
darstellen lässt: Alles ist Zahl. Auch heute geht es der Naturphilosophie primär um
die der Vielfalt zugrunde liegende Einheit. Was ist Natur? Was ist ihr Wesen? Einzelwissenschaften und Philosophie können sich bezüglich dieser Fragen vorzüglich
ergänzen und somit gemeinsam zur Verwirklichung desjenigen Ziels der Nachhaltigkeit beitragen, das die Bewahrung der Einheit der Natur und zugleich ihrer Vielfalt beinhaltet.

(8) Ethik: Das normative Ziel der Nachhaltigkeit kann nur mittels menschlicher
Handlungen realisiert werden. Nachhaltigkeit gründet auf Handlungen. Damit unterstehen nachhaltige Handlungen, ebenso wie Alltagshandlungen, Konventionen,
Normen und moralischen Regeln. Sie sind ergo ein Gegenstand der Ethik im Allgemeinen und der Bereichsethiken im Besonderen, z. B. der Technik-, Wirtschafts-,
Sozial- und Umweltethik. Diese vermögen nachhaltige Entwicklungen ethisch zu
begleiten. Und dies ist unabdingbar. Denn nachhaltiges und moralisches Handeln
kann man nicht trennen. Nur wenn Nachhaltigkeit ethisch begleitet wird, wird die
Gefahr minimiert, dass sie zu anderen Zwecken missbraucht wird oder moralische
Dilemma auftreten. Zudem ist Nachhaltigkeit selbst eine moralische Pflicht. Nachhaltigkeit ohne Ethik ist nicht möglich.

(9) Bescheidenheit: Seit der Antike ist das menschliche Erkenntnisvermögen Gegenstand der Philosophie. Mit der Erkenntnistheorie wurde es gar Gegenstand einer eigenständigen philosophischen Disziplin. »Was kann ich wissen?« ist nach
Kant (1787, KrV B 833, S. 522) ihre Kernfrage. Die Philosophie hat begründet,
dass dieses Vermögen grundsätzlich endlich und unvollkommen ist. Die Folge ist,
dass der Mensch per se nicht frei von Fehlern und Irrtümern ist und zwar sowohl
in epistemischer als auch poietischer Hinsicht. Aufgrund seiner begrenzten Fähigkeit zur Poiesis haben seine technischen Artefakte stets das Potential zu Mängeln

und unerwünschten Technikfolgen. Und infolge seiner begrenzten epistemischen Fähigkeiten vermag er niemals mit Gewissheit erkennen, welche Wirkungen seine Artefakte erstens auf andere Artefakte und zweitens auf die Welt als Ganzes haben. Auch dies birgt die Gefahr unerwünschter Technikfolgen. Der menschliche Schöpfungsakt ist folglich per se risikobehaftet – nicht nur in der Technik, sondern in allen Bereichen, in denen der Mensch schöpferisch und erfinderisch tätig ist. Daher verbietet sich bei allen menschlichen Schöpfungsakten Überheblichkeit und Maßlosigkeit. Gefordert ist Bescheidenheit und Nachhaltigkeit. Nachhaltige Entwicklungen gehen maßvoll mit Energie und Ressourcen um und erweisen sich gegenüber Mensch und Natur als achtsam. Sie beherzigen die Grenzen menschlicher Fähigkeiten und die grundsätzliche Unabwendbarkeit menschlicher Irrtümer. Letztere sind den Wissenschaften ebenso immanent, wie jedem einzelnen Menschen. Daher sind auch bei technisch-wissenschaftlichen Fortschritten eine gesunde Bescheidenheit das richtige Maß. Bescheidenheit steht dem Fortschritt nicht entgegen. Im Gegenteil: Fortschritt gepaart mit Bescheidenheit ist eine Grundbedingung nachhaltiger Entwicklung, die am Wohl des Menschen, der Gesellschaft und der Natur orientiert ist. Ein dogmatischer Fortschritts-, Technik- oder Wissenschaftsglaube, der sich keine Grenzen setzt und alle Probleme als technisch-wissenschaftlich lösbar erachtet, ist dagegen kontranachhaltig. Ein bescheidener Fortschritt ist kein Rückschritt. Es ist ein Fortschritt, der seine Grenzen respektiert, der human, moralisch, sozial und ökologisch und daher in jeder nur denkbaren Hinsicht nachhaltig ist. Auch hier erweist sich die Philosophie als zuverlässige Partnerin, da es zu ihrem Selbstverständnis gehört, ihre Resultate beständig selbstkritisch zu prüfen und zu hinterfragen, was nichts anderes ist, als wissenschaftliche Bescheidenheit.

(10) Weitblick: Philosophisches Denken ist mit seinem Hinterfragen, Weiterfragen, Tieferfragen, Reflektieren und Bedenken des Gedachten von anderer Art als das in den Ingenieur- und Naturwissenschaften übliche kausale Denken in Ursache und Wirkung. Der Blick durch die kausale Brille ermöglicht nur einen begrenzten Blick auf die Wirklichkeit, auch wenn dieser maßgeblich zum Erfolg des technischen Fortschritts und wirtschaftlichen Wachstums beitrug. Die Philosophie betrachtet ihren Gegenstand durch verschiedene Brillen, aus unterschiedlichen Perspektiven und Standpunkten und aus einem weiteren Blickwinkel. Sie erhält damit ein umfassenderes Bild von der Wirklichkeit, von dem das kausale nur ein Ausschnitt ist. Die Wirklichkeit stellt sich aus unterschiedlichen Perspektiven und Standorten stets anders dar. Die Philosophie strebt ein Gesamtbild der Wirklichkeit namens Welt an. Und eben ein solches umfassendes Bild benötigen nachhaltige Entwicklungen. Der philosophische Blick auf das Ganze – der Weitblick – darf bei nachhaltigen Entwicklungen nicht verloren gehen.

Aus den zehn soeben aufgeführten Gründen wird deutlich, dass Philosophie und Ingenieurwissenschaften sich in der Tat vorzüglich ergänzen und sich gegenseitig bereichern können, vor allem dann, wenn es um die nachhaltige Gestaltung unserer Gegenwart und Zukunft geht. Und darum sollte es uns gehen. Eine Einführung in das philosophische Denken sollte daher Bestandteil des Curriculums von ingenieurwissenschaftlichen Studiengängen sein. Eine solche Einführung führt zudem zu einem erfreulichen Nebeneffekt. Denn im Zentrum des Philosophierens steht das Selberdenken. Alle philosophischen Fähigkeiten und Qualifikationen, die oben genannt wurden, haben darin ihre Wurzeln. Selberdenken wird zwar auch in allen anderen Unterrichtsfächern gefordert, aber in keinem Fach wird es so intensiv geübt wie im Philosophieunterricht. Denn Philosophieren *ist* Selberdenken. Philosophieren schärft das eigene Denken und hilft präziser, klarer und deutlicher zu denken. Es stärkt damit die eigene Urteilsfindung und Urteilsbegründung und fördert das sachgerechte Argumentieren. Wer philosophiert, der lernt Wesentliches vom Unwesentlichen zu trennen, sieht die Dinge mit anderen Augen und erkennt vorher nicht erahnte Zusammenhänge, was gerade für die so dringend benötigte nachhaltige Entwicklung von besonderer Bedeutung ist. Philosophieren vermag so Orientierung zu geben und bereichert dadurch sowohl den persönlichen Alltag, als auch das Berufsleben, gleich welcher Beruf ausgeübt oder erwählt wird.

9.4 Technikfolgenabschätzung und Technikfolgenbewertung

Technische Produkte und Systeme sind von Natur aus ambivalent. Denn neben ihren erwünschten Folgen, zu dessen Zweck sie konzipiert, entwickelt und produziert wurden, haben sie stets auch nicht intendierte, unerwünschte Nebenfolgen (▶ Kap. 4). Diese zu vermeiden oder zumindest ihr Risiko für Mensch, Gesellschaft und Natur so gering wie möglich zu halten, ist eine zentrale Aufgabe nachhaltiger Technikentwicklung. Dabei geht es vor allem darum, die Nebenfolgen technischer Produkte bereits während ihrer Planung und Entwicklung spätestens aber vor ihrer Produktion und Vermarktung abzuschätzen, zu bewerten und die daraus resultierenden Konsequenzen zu ziehen. Denn sind die Produkte erst produziert und auf dem Markt, dann sind beim Auftreten von Schäden diese häufig nur mit großem Aufwand, hohen Kosten und in vielen Fällen gar nicht mehr restlos zu beseitigen. Und diese Schäden können für Mensch und Natur beträchtlich sein, wie die Geschichte der Technik lehrt. Aufgrund der Bedeutung der Technikfolgenabschätzung und der Technikfolgenbewertung (Technical Assessment, TA) für die nachhaltige Entwicklung technischer Produkte gehören diese zwingend in die Curricula ingenieurwissenschaftlicher Studiengänge. Denn eine Entwicklung technischer Systeme ohne eine vorhergehende Folgenabschätzung und Folgenbewertung ist kontranachhaltig. Es sollte zudem zur Gewohnheit werden, dass in jeder Bachelor- und Masterthesis, in der es um technische Produkte geht, eine Beurteilung der Nachhaltigkeit sowie eine Abschätzung und Bewertung der Folgen dieser Produkte durchgeführt werden. Während das für die nachhaltig Entwicklung förderliche philosophische und ethische Denken in den Bereich der Allgemeinbildung gehört, ist Vermittlung der Methoden der Technikfolgenabschätzung ein obligatorischer Bestandteil der Fachbildung in ingenieurwissenschaftlichen Studiengängen.

Technikfolgenabschätzung und Technikfolgenbewertung sind zwar kein primärer Gegenstand der Philosophie bzw. Technikphilosophie, haben aber in ihr ihre Wurzeln. Denn die Abschätzung der Folgen von Technik und die Bewertung dieser Folgen gründet wesentlich auf einer intensiven Reflexion der Technik, wie sie gerade in der Technikphilosophie seit vielen Jahren fundiert durchgeführt wird. Die Abschätzung der Technikfolgen und die Bewertung dieser Folgen sind heute weitestgehend institutionalisiert. So gibt es beispielsweise seit vielen Jahren das Büro für Technikfolgen-Abschätzung beim Deutschen Bundestag (TAB). Und bereits im Jahre 1991 publizierte der Verband deutscher Ingenieure (VDI) die Richtlinie 3780 mit dem Titel *Technikbewertung – Begriffe und Grundlagen*. Gemäß dieser Richtlinie erfolgt eine Technikfolgenabschätzung und -bewertung in vier Phasen (VDI 1991,

S. 14): 1) Technikdefinition, 2) Technikfolgenabschätzung, 3) Technikfolgenbewertung und 4) Entscheidung.

(1) In der Technikdefinition ist die zu entwickelnde Technik möglichst exakt zu beschreiben. Welche Funktionen hat sie? Wie ist sie zu bedienen? Ist sie reparaturfähig? Wie und wo soll sie realisiert und produziert werden? Aus welchen Materialien und Baustoffen besteht sie? Woher stammen diese und wie wurden sie gewonnen? Ohne eine genaue Beschreibung der geplanten Technik können die Folgen nicht abgeschätzt werden. Mitunter ist diese Beschreibung oder Definition, wenn Schwierigkeiten bei der Folgenermittlung auftreten, im Nachhinein nochmals zu verfeinern.

(2) In der Folgenabschätzung geht es darum, wie der Begriff bereits vermuten lässt, möglichst alle Folgen aufzuzeigen und zwar die beabsichtigten ebenso wie die unbeabsichtigten bzw. unerwünschten. Während einige Folgen offen zu Tage liegen, können andere Folgen, insbesondere Langzeitfolgen, meist nur abgeschätzt werden. Zur Abschätzung der Folgen gibt die VDI-Richtlinie mehrere methodische Vorschläge (a.a.O. S. 16 ff.). Gerade in dieser Phase können Ingenieure und Ingenieurinnen eine wichtigen Beitrag leisten. Denn wer kann besser die Folgen eines technisches Produktes abschätzen und beurteilen als diejenigen, die dieses Produkt erdacht, geplant und entwickelt haben?

(3) In der Technikfolgenbewertung ist zunächst eine Einigung über die Werte und über deren Gewichtung zu erzielen, mit denen die Folgen beurteilt und bewertet werden sollen. Der Gesundheit des Menschen wird dabei in aller Regel das höchste Gewicht zugesprochen. Denn ein technisches Produkt sollte die Gesundheit des Menschen möglichst gar nicht oder, falls überhaupt, nur sehr geringfügig beeinträchtigen. Die Einigung über die maßgebenden Werte ist allerdings nicht trivial (Franz 2007, S. 110 ff.). Im Gegensatz zur Technikfolgenabschätzung erfordert daher die Bewertung der Technikfolgen einen über Ingenieurinnen und Techniker erweiterten Kreis, der die Gesellschaft möglichst repräsentativ abbildet. Zu einem solchen Kreis können Bürger und Bürgerinnen, Philosophen, Ethikerinnen, Fachexperten wie Ingenieure und Ingenieurinnen, Politiker, Wirtschaftswissenschaftlerinnen, Experten nachhaltiger Entwicklung, Interessenvertretungen und andere mehr gehören. Die VDI-Richtlinie, die in Zusammenarbeit mit Philosophen erstellt wurde, schlägt beispielsweise die folgenden acht Werte vor, die allerdings zum Teil untereinander kollidieren und auch nicht unumstritten sind: Funktionsfähigkeit, Wirtschaftlichkeit, Wohlstand, Sicherheit, Gesundheit, Umweltqualität, Persönlichkeitsentfaltung, Gesellschaftsqualität (VDI 1991, S. 7 ff.).

(4) Liegt die Bewertung vor, so kann ein Urteil über die zugrunde liegende Technik – meist ein technisches Produkt – gefällt und eine Entscheidung darüber getroffen werden, ob dieses Produkt in der zu Beginn in der ersten Phase definierten Beschaffenheit realisiert werden soll oder nicht. Fällt die Entscheidung negativ aus, muss die Realisierung nicht zugleich verworfen werden. In aller Regel wird in diesem Fall die Bewertung nochmals eingehend analysiert. So kann beispielsweise geprüft werden, welche Folgen besonders negativ bewertet wurden und ob diese Folgen nicht durch eine Änderung bzw. Verbesserung des technischen Produktes abgemildert werden können. Ist dies möglich, so werden die vier Phasen erneut durchlaufen.

Der Prozess der Technikfolgenabschätzung und -bewertung kann mit Studierenden ingenieurwissenschaftlicher Studiengänge auch spielerisch durchgeführt werden. Dies wird zwar der komplexen Aufgabe einer fachgerechten Folgenabschätzung und Folgenbewertung nicht gerecht, aber ermöglicht ein spielerisches

Kennenlernen der vier Phasen dieser Aufgabe und ein erstes Vertrautwerden mit der essentiellen Bedeutung der Folgenabschätzung und Folgenbewertung für die nachhaltige Entwicklung technischer Produkte. Ist damit das Interesse erst einmal geweckt, kann darauf aufbauend selbstverständlich eine Vertiefung in die Verfahren und Methoden aber auch in die Probleme und Schwierigkeiten einer Technikfolgenabschätzung und -bewertung erfolgen.

Bei der spielerischen Einführung in die Technikfolgenabschätzung und -bewertung werden die Beteiligten zunächst gebeten, ihrer schöpferischen Phantasie freien Lauf zu lassen und gedanklich ein technisches Produkt zu erfinden. Dabei spielt es keine Rolle, um was für ein Produkt es sich handelt – sei dieses Produkt auch noch so verrückt, beispielsweise ein automatisierter und mittels einem Satellitennavigationssystem gesteuerter Hundekäfig, der einem Hund seinen Morgenspaziergang ermöglicht, während sein Herrchen oder Frauchen noch im Bett liegt oder frühstückt. Gibt es mehrere Erfindungen, so bittet man die Teilnehmer und Teilnehmerinnen sich für eine zu entscheiden, ggf. mittels Abstimmung. Anschließend wird gemeinsam das erfundene Produkt in seinen Eigenschaften möglichst genau definiert (Phase 1). Um das „Spiel" realistischer zu gestalten, dürfen die Teilnehmerinnen und Teilnehmer sich vorstellen, gleichberechtigte und verantwortungsbewusste Geschäftsführerinnen und Geschäftsführer eines gemeinsamen Unternehmens zu sein, die dieses neue technische Produkt auf den Markt bringen wollen. Sie erkunden daher nun die möglichen Folgen des Produktes, die gewünschten und unerwünschten (Phase 2). Dies kann in der Form eines Brainstormings geschehen. Es bietet sich an, die einzelnen Folgen auf Zettel zu notieren und diese anschließend in Gruppen zu sortieren, um die Zahl der anschließend zu bewertenden Folgen zu verringern, es sei denn es besteht hinreichend viel Zeit für das „Spiel". Die Teilnehmer lernen dabei, dass es nicht leicht ist, die Folgen möglichst neutral und ohne Vorurteil aufzuzeigen. Dies ist aber nötig, da die Bewertung dieser Folgen erst im nächsten Schritt erfolgt. Eine klare Trennung zwischen der Folgenabschätzung und der Bewertung der Folgen, wie sie die VDI-Richtlinie suggeriert, ist also praktisch kaum einzuhalten. Liegen die Folgen in Gruppen sortiert auf dem Tisch, suchen die Teilnehmer nach begründeten Kriterien bzw. Werten, um damit die Folgen zu beurteilen und zu bewerten (Phase 3). Um die Arbeit zumindest in diesem „Spiel" überschaubar zu machen, sollte die Zahl der Folgen und der Bewertungskriterien nicht allzu groß sein, beispielsweise etwa fünf bis zehn. Obgleich eine qualitative Folgenbewertung, die auf plausiblen und nachvollziehbaren Argumenten gründet, einer quantitativen Bewertung vorzuziehen ist, bietet sich im „Spiel" eine quantitative Bewertung an, wie man sie auch aus den Schul-, Klausur- und Examensnoten kennt. Vorteilhaft ist ein Punktesystem mit sowohl positiven als auch negativen Punkten. Dies bedeutet, wird eine Folge positiv bewertet, erhält sie beispielsweise 1, 2, 3, 4 oder 5 Punkte, wobei fünf Punkte für besonders positiv bzw. wünschenswert steht. Eine negativ beurteilte Folge enthält dementsprechend -1, -2, -3, -4 oder -5 Punkte. Je positiver eine Folge bewertet wird, je unbedenklicher oder gar wünschenswerter ist sie. Und je negativer eine Folge bewertet ist, je bedenklicher und unerwünschter ist sie. Minus fünf Punkte würden beispielsweise dann vergeben werden, wenn vom Produkt eine starke Beeinträchtigung der menschlichen Gesundheit ausgeht. Die Gesamtbewertung kann in einer Matrix erfolgen, in der in der Vertikalen die Folgen, in der Horizontalen die Kriterien oder Werte und in den einzelnen Kästchen die Bewertungszahl eingetragen wird. Für die im letzten Schritt erforderliche Entscheidung

(Phase 4) ist es hilfreich, den Mittelwert aus allen Einzelbewertungen zu berechnen. Die Entscheidung, ob das Produkt in der in der ersten Phase definierten Beschaffenheit realisiert, produziert und auf den Markt gebracht werden soll, erfolgt demokratisch über eine Abstimmung. Hierzu stellt ein Mitglied formal den Antrag, das Produkt in der definierten Beschaffenheit auf den Markt zu bringen. Wenn der Mittelwert der Einzelbewertungen negativ ist, findet dieser Antrag in der Regel keine Mehrheit. Dies bedeutet, er ist abgelehnt. Für die Teilnehmerinnen und Teilnehmer, die ja in ihrer Vorstellung Geschäftsführer und Geschäftsführerinnen eines gemeinsamen Unternehmens sind, ist dieses Ergebnis mit einem Dilemma verbunden. Einerseits hebt es sie als verantwortungsvolle Geschäftsführerinnen und Geschäftsführer hervor, die nicht jedes Produkt auf den Markt bringen, nur um Geld zu verdienen. Andererseits will das Unternehmen auch überleben und seine Mitarbeiterinnen und Mitarbeiter entlohnen, d. h. es muss Produkte verkaufen. Bei einer Ablehnung des Produktes werden sich die Teilnehmer und Teilnehmerinnen also die Bewertungsmatrix nochmals genauestens anschauen und prüfen, welche Folgen besonders negativ beurteilt wurden und ob man diese Folgen nicht durch eine technische Veränderung des Produktes mildern kann. Sollte dies der Fall sein, werden die Teilnehmer alle vier Phasen der Technikfolgenabschätzung und -bewertung nochmals durchlaufen. Nach dem zweiten Durchlauf fällt die Bewertung des Produktes üblicherweise besser aus und einem erneuten Antrag auf Realisierung und Vermarktung des Produktes wird dann meist mehrheitlich statt gegeben.

Die Praxis mit Studierenden technischer Fachbereiche hat gezeigt, dass diese spielerische Technikfolgenabschätzung und -bewertung mit viel Freude und großem Engagement angenommen und durchgeführt wurde. Bleibt zu hoffen, dass sich die Studierenden an dieses „Spiel" erinnern, wenn sie nach Abschluss ihres Studiums ins Berufsleben einsteigen und mit ihrer Fach- und Allgemeinbildung an der nachhaltigen Gestaltung unserer Gegenwart und Zukunft mitwirken. Wenn zudem auch in anderen Bereichen eine solche Folgenabschätzung und -bewertung verstärkt zum Einsatz käme, beispielsweise als Wirtschaftsfolgenabschätzung, Politikfolgenabschätzung, Gesetzesfolgenabschätzung usw., dann wäre dies für die nachhaltige Entwicklung und damit für Mensch, Gesellschaft und Natur ein großer Gewinn.

9.5 Fazit

Der Erfolg nachhaltiger Entwicklung gründet maßgeblich auf einer adäquaten Bildung zur Nachhaltigkeit, die eine solide Fachbildung und eine breite Allgemeinbildung gleichermaßen einschließt. Im Idealfall sollte die Allgemeinbildung eine philosophische und ethische Grundbildung beinhalten. Mehr noch: Die philosophische Grundbildung erweist sich geradewegs als geboten für den Erfolg nachhaltiger Entwicklung. Man kommt ergo um das Philosophieren nicht herum. Oder wie Sellars korrekt schreibt:

>> »We may philosophize well or ill, but we must philosophize« (Sellars 1971, S. 296).

In Deutschland ist in den letzten Jahren der Ruf nach Fachexperten und Fachexpertinnen lauter und deutlicher geworden. Ja, wir brauchen mehr Fachexpertinnen und Fachexperten. Aber wir brauchen, man möge diesen Ausdruck entschuldigen, keine Fachidioten, keine laufenden Formelsammlungen oder Lexika auf zwei Beinen. Fachleute sind Persönlichkeiten mit einer fundierten Fach- *und* Allgemeinbildung. Sie haben das Vermögen selbst zu denken. Sie sind kreativ, haben Ideen und Einfälle und auch eine gute Portion an schöpferischer Phantasie. Sie sind offen gegenüber Neuem, blicken neugierig über den eigenen fachlichen Tellerrand hinaus, haben Freude am Perspektivenwechsel und sind damit fähig zur fachübergreifenden Zusammenarbeit. Es sind, wie gesagt, selbstdenkende Persönlichkeiten, keine Roboter. Für die nachhaltige Gestaltung unserer Zukunft brauchen wir Ingenieurinnen und Ingenieure, die in Nachhaltigkeit geschult sind und selbstbewusst nachhaltige technische Produkte herstellen, die zurecht den Anspruch erheben können, nachhaltig zu sein.

Zu Beginn dieses Buches wurde das Wohl des Menschen und der Schutz seiner Würde als zentrales Ziel der nachhaltigen Entwicklung vorgestellt. Blicken wir also abschließend nochmals auf den Menschen. »Mensch 4.0 – Verantwortung für die Zukunft übernehmen« lautete 2019 das Motto der Bundestagung des Fachverbands Ethik e. V. Wie stellen wir uns diesen Menschen 4.0 vor? Wir dürfen uns diesen sicherlich immer noch als ein natürliches Wesen vorstellen, das sich seiner Natürlichkeit erfreut und daher nicht den Wunsch hegt, sich mittels Technik zu optimieren, sein Menschsein zu übersteigen oder gar zu einem posthumanen Wesen zu werden. Der Mensch 4.0 ist dadurch in vielen Bereichen und Aufgaben sicherlich in seiner Rationalität den Systemen künstlicher Intelligenz unterlegen, aber dafür besitzt er etwas ganz besonderes, nämlich Kreativität, schöpferische Phantasie und ein großes Maß an Ideen und Einfällen. Zudem besitzt er Vernunft, die von der Rationalität zu unterscheiden und eine Richterin seiner Ratio ist.

Wir Menschen besitzen vielleicht eine nur mäßige Rationalität und können große Datenmengen nicht so superschnell bearbeiten wie Maschinen. In unserer Vernunft oder Intelligenz bleiben wir den Maschinen jedoch überlegen, ganz abgesehen davon, dass wir uns unseres Denkens und Handelns selbst bewusst sind und unsere Gefühle zumeist echt und nicht nur simuliert sind. Wir dürfen uns daher den Menschen 4.0 auch als einen Menschen vorstellen, für den das Tragen von Verantwortung weiterhin keine Last bedeutet, die abzuwenden ist, sondern eine Herausforderung, die er gerne annimmt. Er wird daher im Rahmen seiner Möglichkeiten und Fähigkeiten Verantwortung übernehmen, an der Gestaltung der Zukunft mitwirken und sich dabei bewusst sein, dass die Gestaltung unserer Zukunft nachhaltiges Handeln erfordert.

Literatur

Aphin e. V. (2014) Zehn Thesen zu einer an Nachhaltigkeit orientierten philosophischen Grundbildung von Ingenieuren und Naturwissenschaftlern. ▶ www.aphin.de

Fachverband Ethik e. V. (2019) Bundestagung „Mensch 4.0 – Verantwortung für die Zukunft übernehmen", Hannover, November

Franz JH (2007) Wertneutralität – Ein Irrtum in der Technikdiskussion. In: Franz JH, Rotermundt R (Hrsg) (2009) Philosophie und Technik im Dialog. Frank & Timme Verlag für wissenschaftliche Literatur, Berlin, S 93–121

Franz JH (2014) Nachhaltigkeit, Menschlichkeit, Scheinheiligkeit. Philosophische Reflexionen über nachhaltige Entwicklung. oekom, München

Franz JH (2019) Nachhaltigkeit und Philosophie – Das Paar der Zukunft. Vortrag, Bundestagung des Fachverbands Ethik e.V. „ Mensch 4.0 – Verantwortung für die Zukunft übernehmen", Hannover, November

Hösle V (1995) Warum ist die Technik ein philosophisches Schlüsselproblem geworden? In: Hösle V (Hrsg) Praktische Philosophie in der modernen Welt. Beck, München, S 87–108

IEEE (1990) Code of ethics. ► https://www.ieee.org/about/corporate/governance/S.78.html. Zugegriffen: 11. Sept. 2021

Kant I (1784) Beantwortung der Frage: Was ist Aufklärung? Zitiert nach: Kant I (1968): Kants Werke. Akademie Textausgabe Bd. VIII. Walter de Gruyter, Berlin, S 33–42

Kant I (1787) Kritik der reinen Vernunft. 2. Aufl. Zitiert nach: Kant I (1968) Kants Werke. Akademie Textausgabe III. Walter de Gruyter, Berlin

Schmidt H (Hrsg) (1965) Philosophisches Wörterbuch. 17. Aufl. Durchgesehen, ergänzt und herausgegeben von Georgi Schischkoff. Kröner, Stuttgart

Sellars W (1971) The structure of knowledge (The Matchette Foundation Lectures for 1971). In: Castañeda H.-N (Hrsg) (1975) Action, knowledge and reality: Critical studies in honor of wilfrid sellars. Bobbs-Merrill, Indianapolis, S 295–347

TAB – Büro für Technikfolgen Abschätzung beim Deutschen Bundestag. www.tabbeimbundestag.de. Zugegriffen: 14. Sept. 2021

VDI (1991) Richtlinie 3780. Technikbewertung – Begriffe und Grundlagen. Beuth, Berlin

VDI (1998) Technikbewertung in der Lehre. VDI Report 28, VDI, Düsseldorf